Annette Schmitt

Chihuahua

Premium Ratgeber

unter Mitarbeit von
Andrea Gerkens-August

bede bei Ulmer

Inhalt

Von den Ursprüngen zur Reinzucht

Der kleinste Rassehund der Welt.

Um die Geschichte des Chihuahuas ranken sich viele Legenden. Da genaue Aufzeichnungen fehlen, kann über Vieles nur spekuliert werden. Trotzdem gilt der Chihuahua nicht nur als kleinste, sondern auch als älteste Hunderasse der Welt. Seinen Namen verdankt der Zwerghund der im Norden von Mexiko liegenden Provinz Chihuahua. Daraus geht bereits hervor, dass Mexiko als Ursprungsland des hübschen Vierbeiners gesehen wird, zumindest ist dieses Land im offiziellen FCI-Rassestandard vermerkt, denn gemäß anderer Meinungen könnte der Chihuahua auch aus Malta stammen. Zunächst aber zur mexikanischen Ursprungstheorie, denn sie ist die populärste. Demnach sollen Vorfahren des intelligenten Vierbeiners von den Tolteken, einem voraztekischen, kriegerischen Stamm aus dem Hochland von Mexiko, als heilige Hunde angesehen worden sein. Aus dem 7. bis 9. Jahrhundert v. Chr. ist überliefert, dass die Tolteken zudem Tiere hielten, die sie „Techichi" nannten und die bei religiösen Festen geopfert wurden; ob es sich dabei jedoch ebenfalls um Hunde und zudem um genau diese Exemplare handelte, ist unklar.

Mit der Übernahme des Toltekenreiches gingen auch die heiligen Hunde an die nun herrschenden Azteken über, die diese weiterhin sehr verehrten. Besonders begehrt waren „blaue" Vertreter mit übergroßen Augen, rundem Kopf und tiefem Stopp. Starb ein Azteke, gab man ihm unter anderem seinen Hund als Totenbeigabe mit auf den Weg; der kleine Vierbeiner mit den riesigen, leuchtenden Augen sollte seinen Herrn über die neun Todesflüsse der Unterwelt ins Paradies begleiten. Da die Azteken überzeugt davon waren, dass nur diejenigen Hunde ihrem Herrn auf seinem letzten Weg behilflich sind, die es auch gut bei ihm hatten, wurden die Vierbeiner zu Lebzeiten sehr gut behandelt und verwöhnt. Gab es nicht genügend Hunde, beka-

men nur Häuptlinge und führende Krieger einen solchen als Grabbeigabe. In Adelskreisen hatte jeder Hund seinen eigenen Sklaven, der ihn rund um die Uhr betreute. Starb ein Vierbeiner, musste ihm sein Sklave angeblich in den Tod folgen.

Ist der kleine Mexikaner doch ein Malteser?

Eine andere Ursprungstheorie, der mehrjährige archäologische und wissenschaftliche Forschungen vorausgingen, veranlasst durch die britische Chihuahua-Züchterin Mrs. E. Goodchild, besagt, dass die Vorfahren des Chihuahuas um 700 v. Chr. von Ägypten auf die Insel Malta kamen. So wurden in Gräbern die Überreste kleiner Hunde gefunden, die alle eine Schädelfontanelle aufwiesen wie sie der Chihuahua als einzige Hunderasse zeigt. Auf einer Tontafel aus dem Jahre 55 v. Chr. sind zudem sehr kleine, kurzhaarige Hunde

Mit der Einführung der ersten Hundeausstellungen begannen geschäftstüchtige Händler, ihre Hunde auf grenznahen Märkten als Mexiko- oder Arizona-Hunde zu verkaufen.

mit runden Köpfen, großen Ohren und kurzen Schnauzen abgebildet.

Der berühmte Maler Botticelli hielt 1482 einen als weißen Kurzhaar-Chihuahua zu identifizierenden Hund auf einem Fresko in der Sixtinischen Kapelle in Rom fest, zehn Jahre bevor Kolumbus Amerika entdeckte. Um 1570 kamen einzelne Exemplare dieser maltesischen Zwerghunde nach England. In einer Chronik wird über sie geschrieben: „Je kleiner sie sind, desto wertvoller sind sie, umso mehr, wenn sie ein kleines Loch in der Schädeldecke aufweisen." Da die Miniatur-Vierbeiner das raue britische Klima nicht gewohnt waren, starben die meisten bereits kurz nach ihrer Ankunft, sodass sich die Hunde damals außerhalb warmer Mittelmeerländer noch nicht weiter ausbreiten konnten.

Noch heute gibt es auf Malta winzige „Taschenhunde", die bis 1960 vom englischen Kennel Club als Chihuahua anerkannt wor-

Sehr kleine, kurzhaarige Hunde mit runden Köpfen, großen Ohren und kurzen Schnauzen sind schon auf einer über 2000 Jahre alten Tontafel abgebildet.

den sind und unter deren Nachkommen sich erfolgreiche Ausstellungs- und Zuchthunde befinden.

Die maltesische Ursprungstheorie geht davon aus, dass der Chihuahua erst viel später und auf ungeklärte Weise nach Amerika kam. So sahen Touristen Mitte des 19. Jahrhunderts bei Indianern aus dem Staate Mexiko immer wieder kleine Vierbeiner, die im Laufe der Zeit in Nordamerika zu begehrten Souvenirs wurden; allerdings verstarben diese in der Regel sehr schnell. Mit der Einführung der ersten Hundeausstellungen begannen geschäftstüchtige Händler, ihre Hunde auf grenzna-

Mit der Wiedervereinigung stiegen die Eintragungszahlen von Welpen schlagartig an, da der kleine, pflegeleichte und aufgeweckte Hund in den neuen Bundesländern ausgesprochen beliebt war.

hen Märkten als Mexiko- oder Arizona-Hunde zu verkaufen, je nachdem, auf wessen Land sie gerade standen. Die Vierbeiner aus der Provinz Chihuahua nannte man hingegen „Chihahuenos"; nach und nach setzte sich die allgemeine Rassebezeichnung „Chihuahua" für die begehrten Zwerghunde durch.

Der kleine Große auf Siegeszug

1884 wurde der erste Chihuahua auf einer Ausstellung in Philadelphia gezeigt, damals unter dem Namen „Chihuahua-Terrier". Allmählich eroberte der nette Zwerg die Herzen internationaler Hundefreunde. Um 1900 kam der Chihuahua von Amerika nach Großbritannien; hier etablierte sich die Rasse erst nach dem Zweiten Weltkrieg, denn die zunächst kleine Zuchtpopulation litt sehr unter den Kriegswirren.

In Amerika wurde der erste Rüde namens „Midget" 1904 im Zuchtbuch registriert. Bis zum Jahr 1915 folgten nur 29 weitere Eintragungen; diese Zahl erhöhte sich bis zu den frühen 1970er-Jahren jedoch auf über 25.000. 1923 gründete sich der Amerikanische Chihuahua-Club, der noch im selben Jahr einen Rassestandard erstellte.

In Deutschland fasste der vierbeinige Knirps Anfang der 1950er-Jahre Fuß. Damals machte ihn eine amerikanische Züchterin durch ihre Ausstellungsrundreise bekannt. 1956 trug man den ersten Chihuahua in das Sammelzuchtbuch des VDH ein, ab 1963 erfolgten Registrierungen im Zuchtbuch des dem VDH angeschlossenen, rassevertretenden Verbandes Deutscher Kleinhundezüchter e.V. Die Beliebtheit des Langhaar-Chihuahuas nahm stetig zu, während die kurzhaarige Variante immer mehr in den Hintergrund trat. Bis 1990 lagen die Eintragungszahlen bei 200 bis 300 Welpen pro Jahr; dies änderte sich mit der Wiedervereinigung schlagartig, da der kleine

Vierbeiner in der ehemaligen DDR ausgesprochen beliebt war. Derzeit liegt die jährliche Welpenzahl im VDH bei etwa 900.

Inzwischen ist die Rasse in Amerika und Europa verbreiteter als in Mexiko selbst.

Unter Zwerghundeliebhabern wird der Chihuahua wegen seiner Robustheit und seines liebenswerten Wesens sehr geschätzt. Fans großer Rassen belächeln den winzigen Vierbeiner hingegen häufig als nicht ernst zu nehmenden Schoßhund – zu Unrecht, denn in Wahrheit ist der kleine Mexikaner ein ganz Großer.

Weitere Ursprungslegenden

Da eine gewisse Ähnlichkeit in Aussehen und manchen Verhaltensweisen nicht abzustreiten ist, werden die Ursprünge des Chihuahuas mancherorts auch mit der afrikanischen Wüstenfuchsart „Fennek" in Verbindung gebracht. Evolutionsbiologisch ist eine Verwandtschaft jedoch ausgeschlossen.

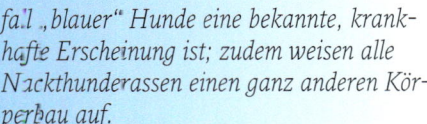

Andere Stimmen gehen davon aus, dass die Vorfahren des Chihuahuas haarlose Hunde waren, denn die früher bekannten „blauen" Chihuahuas verloren häufig im Alter von einem Jahr ihr gesamtes Fell und blieben dann nackt. Doch auch diese vermeintliche Verwandtschaft scheint unwahrscheinlich, da der Haarausfall „blauer" Hunde eine bekannte, krankhafte Erscheinung ist; zudem weisen alle Nackthunderassen einen ganz anderen Körperbau auf.

Die Mexikaner selbst sehen im Chihuahua eine Kreuzung aus alten Tolteken- und Mayahunden mit haarlosen asiatischen Hunden.

Rassestandard

Der Chi ist ausgesprochen aufmerksam und lebhaft.

Im Standard ist festgehalten, wie ein perfekter Hund einer Rasse auszusehen hat. Aber auch ein kurzer Einblick in Veranlagung und Wesen wird darin gegeben. Der nachfolgend abgedruckte FCI-Rassestandard ist seit September 2004 gültig und lautet in allen FCI-Mitgliedsländern gleich.

Der Chihuahua Standard FCI-Nr. 218

Datum der Publikation des gültigen Originalstandards 24. März 2004.
Übersetzung Dr. J.-M. Paschoud und Frau Ruth Binder-Gresly.
Die Übersetzung der Änderungen wurde in Zusammenarbeit mit der F.C.A. (Argentinien) vorgenommen.
Ursprungsland Mexiko.

Verwendung Gesellschaftshund.
Klassifikation FCI Gruppe 9 Gesellschafts- und Begleithunde, Sektion 6 Chihuahueño; ohne Arbeitsprüfung.

Kurzer geschichtlicher Abriss Der Chihuahua gilt als der kleinste Rassehund der Welt und trägt den Namen der größten Provinz der Republik Mexiko (Chihuahua). Man nimmt an, dass diese Hunde dort früher in Freiheit lebten und zur Zeit der Zivilisation der Tolteken von den Eingeborenen eingefangen und domestiziert wurden. Darstellungen eines Zwerghundes, der «Techichi» hieß und in Tula lebte, wurden dort für Verzierungen der Stadtarchitektur verwendet; diese kleinen Statuen sehen dem heutigen Chihuahua sehr ähnlich.

Der kleinste Rassehund der Welt trägt den Namen der größten Provinz der Republik Mexiko, und das ist Chihuahua.

Allgemeines Erscheinungsbild

Dieser Hund hat eine kompakte Körperform. Von ganz wesentlicher Bedeutung ist die Tatsache, dass sein Schädel die Form eines Apfels hat und dass er seine mäßig lange Rute hoch erhoben trägt; entweder ist sie gebogen oder halbkreisförmig gerundet, mit gegen die Lendengegend gerichteter Spitze.

Wichtige Proportionen

Die Körperlänge ist etwas größer als die Widerristhöhe; gewünscht wird ein fast quadratischer Körper, speziell bei Rüden. Bei Hündinnen ist wegen der Möglichkeit einer Trächtigkeit ein etwas längerer Körper zulässig.

Verhalten und Charakter (Wesen)

Flink, aufmerksam, lebhaft und sehr mutig.

Kopf – Oberkopf

Schädel Schön gerundeter Apfelkopf (ein charakteristisches Merkmal der Rasse). Exemplare ohne Fontanelle sind vorzüglich, obwohl eine kleine Fontanelle zugelassen ist.

Stopp Sehr ausgeprägt, tief und breit, da die Stirne über den Ansatz des Fangs gewölbt ist.

Gesichtsschädel

Nasenschwamm Mäßig kurz, geringfügig aufgeworfen; jede Farbe ist zulässig.

Fang Kurz, von der Seite gesehen gerade, am Ansatz breit, sich gegen die Spitze hin verjüngend.

Lefzen Trocken und gut anliegend.

Wangen Wenig entwickelt und sehr trocken.

Kiefer/Zähne Scherengebiss oder Zangengebiss. Vorbiss und Rückbiss sowie jede andere Stellungsanomalie der Ober- oder Unterkiefer sind streng zu bestrafen.

Augen Groß und von rundlicher Form, sehr ausdrucksvoll, nicht hervorquellend, vollkom-

Der Chihuahua gehört laut FCI-Standard zu den Gesellschafts- und Begleithunden.

9

men dunkel gefärbt. Helle Augen sind zulässig, aber nicht erwünscht.

Ohren Groß, aufgerichtet, entfaltet und ausführlich geöffnet; breit an ihrem Ansatz, sich gegen die leicht abgerundete Spitze allmählich verjüngend. In der Ruhestellung sind sie seitlich in einem Winkel von 45° geneigt.

Hals
Obere Linie Leicht gewölbt.
Länge Mittellang.
Form Dicker bei den Rüden als bei den Hündinnen.
Haut Ohne Wamme; bei der langhaarigen Varietät ist das Vorhandensein einer Halskrause mit längerem Haar erwünscht.

Brust Brustkorb breit und tief, Rippen gut gewölbt; von vorne gesehen geräumig, aber nicht übertrieben; von der Seite gesehen bis zu den Ellenbogen reichend; nicht fassförmig.

Untere Profillinie und Bauch Durch einen deutlich aufgezogenen Bauch gebildet. Ein schlaffer Bauch ist zulässig, aber nicht erwünscht.

Rute Hoch angesetzt und von mäßiger Länge; am Ansatz breit, sich gegen die Spitze zu allmählich verjüngend, flach aussehend. Die Tragart der Rute ist ein wichtiges charakteristisches Merkmal der Rasse, bei Bewegung befindet sie sich entweder hoch im Bogen erhoben getragen, oder halbkreisför-

Die Vorderläufe sind gerade und von guter Länge; die Hinterhand ist gut bemuskelt mit langen Knochen.

Der Chihuahua hat einen kompakten und gut bemuskelten Körper

Körper
Kompakt und gut gebaut.
Obere Profillinie Gerade.
Widerrist Wenig ausgeprägt.
Rücken Kurz und fest.
Lenden Stark muskulös.
Kruppe Breit und stark, fast flach oder leicht geneigt.

mig gerundet mit gegen die Lendengegend gerichteter Spitze, was dem Körper Ausgewogenheit verleiht, niemals zwischen den Läufen oder unterhalb der Oberlinie aufgerollt. Die Behaarung ist entsprechend der Haar-Varietät dem Haarkleid des übrigen Körpers angepasst. Bei der langhaarigen Varietät bildet das Haar Federn. In der Ruhestellung ist die Rute hängend und bildet einen leichten Haken.

Gliedmaßen

Vorderhand Vorderläufe gerade und von guter Länge; von vorne gesehen bilden sie mit dem Ellenbogen eine gerade Linie; von der Seite gesehen stehen sie senkrecht.

Schultern Trocken und wenig bemuskelt; die Winkelung zwischen Schulterblatt und Oberarm ist angemessen.

Ellbogen Fest und eng am Körper anliegend, was eine freie Bewegung der Vorderhand gewährt.

Vordermittelfuß Leicht schräg gestellt, kräftig und biegsam.

Pfoten Sehr klein und oval, mit gut auseinander stehenden, aber nicht gespreizten Zehen (weder Hasenpfoten noch Katzenpfoten); die Krallen sind besonders gut gewölbt und mäßig lang; die Ballen sind gut entwickelt und sehr elastisch; Afterkrallen müssen entfernt sein, außer in Ländern, in denen das Kupieren gesetzlich verboten ist.

Gangwerk

Der Schritt ist lang und elastisch, energisch und aktiv, mit gutem Vortritt der Vorderhand und gutem Schub der Hinterhand. Von hinten gesehen sollen sich die Hinterläufe zu einander fast parallel bewegen, sodass die Fußspuren der Hinterpfoten genau in diejenigen

Der Chihuahua macht lange, elastische, energische und aktive Schritte

Den Chihuahua gibt es lang- und kurzhaarig. Alle Farben in allen möglichen Schattierungen und Kombinationen sind zulässig.

Hinterhand Gut bemuskelt, mit langen Knochen, senkrecht und zu einander parallel, mit guten Winkelungen am Hüftgelenk, am Knie und am Sprunggelenk, in Übereinstimmung mit den Winkelungen der Vorderhand.

Hintermittelfuß Kurz, mit gut ausgebildeten Achillessehnen; von hinten betrachtet sind sie gerade und senkrecht gestellt.

der Vorderpfoten zu liegen kommen. Mit zunehmender Geschwindigkeit zeigen die Gliedmaßen die Tendenz, in Richtung der zentralen Schwerpunktslinie zu konvergieren (single track). Dabei bleibt der Bewegungsablauf frei und elastisch, ohne sichtbare Anstrengung, der Kopf erhoben und der Rücken fest.

Haut

Glatt und elastisch auf der ganzen Körperoberfläche.

Haarkleid

Haar In dieser Rasse existieren zwei Haar-Varietäten.

Varietät Kurzhaar Das Haar ist kurz und am ganzen Körper gut anliegend; wenn Unterwolle vorhanden ist, ist das Haar etwas länger; leichtes Haar an der Kehle und am Bauch ist zulässig; das Haar ist etwas länger am Hals und an der Rute, kurz im Gesicht und an den Ohren. Es ist glänzend und seine Beschaffenheit ist weich. Haarlose Hunde werden nicht geduldet.

Varietät Langhaar Das Haar soll fein und seidig sein, schlicht oder leicht gewellt; eine nicht zu dichte Unterwolle ist erwünscht. Das Haar ist länger und bildet Federn an den Ohren, am Hals, an der Hinterseite der vorderen und hinteren Extremitäten, an den Pfoten und an der Rute. Hunde mit langem und aufgebauschtem Haar wie ein Malteser werden nicht akzeptiert.

Farbe Alle Farben in allen möglichen Schattierungen und Kombinationen sind zulässig.

Gewicht Bei dieser Rasse wird nur das Gewicht in Betracht gezogen, nicht die Größe. Idealgewicht zwischen 1,5 und 3 kg. Trotzdem werden Hunde zwischen 500 g und 1,5 kg akzeptiert. Exemplare über 3 kg werden ausgeschlossen.

Fehler Jede Abweichung von den vorgenannten Punkten muss als Fehler angesehen werden, dessen Bewertung in genauem Verhältnis zum Grad der Abweichung stehen sollte.

- Fehlen einzelner Zähne
- Verdoppelung von Zähnen (Zurückhaltung der Milchzähne)
- Deformierte Kiefer
- Zugespitzte Ohren
- Kurzer Hals
- Langer Körper
- Aufgezogener Rücken oder Senkrücken (Xyphose oder Lordose)
- Abfallende Kruppe
- Schmale Brust, flacher Rippenkorb
- Schlecht angesetzte, verdrehte oder kurze Rute
- Kurze Gliedmaßen
- Abstehende Ellenbogen
- Zu eng gestellte Hinterläufe

Schwere Fehler

- Schmaler Schädel
- Auge klein, eingesunken oder hervorquellend
- Langer Fang

Der langhaarige Chihuahua hat feines und seidiges Haar, welches schlicht oder leicht gewellt sein kann.

Anmerkung zum Standard

Anfang bis Mitte der 1990er-Jahre geriet der Chihuahua stark ins Visier von Tierschützern. In dieser Zeit ging das Wort Qualzucht durch die Medien, unter der auch der Chihuahua aufgelistet wurde. Seitdem ist unter anderem ein übertriebener Apfelkopf nicht mehr erwünscht; außerdem erhalten Hunde erst ab einem Mindestgewicht von 2 kg die Zuchtzulassung.

In den drei dem VDH angeschlossenen Vereinen, die den Chihuahua betreuen, ist es verboten, mit Hunden in der Modefarbe „Merle" zu züchten, da es zu schwerwiegenden gesundheitlichen Defekten kommen kann, wie zum Beispiel Schwerhörigkeit und Taubheit. Merle kam bis vor einiger Jahren beim Chihuahua nicht vor und war nur durch die Einkreuzung von Merletieren anderer Rassen möglich.

- Vor- oder Rückbiss
- Luxation der Kniescheibe

Ausschließende Fehler

- Aggressiv oder übermäßig scheu
- „Hirschähnlicher" Typ (Hunde mit einer untypischen Struktur oder: ein sehr feiner Kopf, langer Hals, schlanker Körper, lange Läufe)
- Exemplare mit offener Fontanelle
- Hängeohr oder kurzes Ohr
- Deformierter Kiefer
- Extrem langer Körper
- Fehlen der Rute
- Bei der Varietät Langhaar: Hunde mit sehr langem, feinem und wie beim Malteser aufgebauschtem Haar
- Bei der Varietät Kurzhaar: haarlose Stellen (Alopezien)
- Merle-Farben
- Gewicht (weniger als 500 g und) über 3 kg

Nachbemerkung Rüden müssen zwei normal entwickelte Hoden aufweisen, die sich vollständig im Hodensack befinden.

Wussten Sie schon ...?

Anfangs gab es nur kurzhaarige Chihuahuas. Die langhaarige Variante ist erst im 20. Jahrhundert durch Einkreuzung anderer Hunderassen (eventuell Spaniels, Papillons und Zwergspitze) in Amerika entstanden. 1952 wurde in den USA sogar ein eigener Club für langhaarige Chihuahuas gegründet. Seit dieser Zeit werden beide Haararten getrennt ausgestellt. Eine Verpaarung von kurz- und langhaarigen Hunden untereinander ist jedoch seit 1984 von der FCI offiziell erlaubt und gilt sogar als sinnvoll, da der Langhaar-Chihuahua bei einer Reinzucht über viele Generationen hinweg sein typisches Aussehen verlieren würde. Kreuzungen beider Varietäten haben häufig längeres und stets dichteres sowie in der Textur kräftigeres Haar als reine Langhaar-Chihuahuas. Stockhaar entsteht entgegen anderer Vermutungen nur aus langhaarigen Verbindungen; es vererbt sich dominant und gilt als Zuchtausschluss.

Verhalten und Charakter

14

Der Chihuahua ist kein Spielzeug, sondern ein richtiger Hund in kleiner Verpackung.

Chihuahuas werden aufgrund ihrer geringen Größe häufig nicht als richtige Hunde ernst genommen. Lernt man den kleinen Vierbeiner doch einmal genauer kennen, stellt man schnell fest, dass auch in diesen Winzlingen ganze Kerle stecken, die liebenswert, aufgeweckt und selbstbewusst sind wie die Großen, nur eben Platz sparender. Der Chihuahua steht größeren Hunden in nichts nach. Kenner der Rasse beschreiben ihn als „idealen Hund im Taschenformat". Er ist unglaublich wachsam, sodass Einbrecher keine Chance hätten, unbemerkt in ein Chihuahua-Heim zu gelangen. Auch gegenüber seinen Leuten kann er einen enormen Beschützerinstinkt an den Tag legen, der auf den ersten Blick zwar vielleicht niedlich wirkt, dem aber doch erziehungstechnisch entgegen gewirkt werden sollte.

Alles andere als ein Schoßhund

Obwohl der mexikanische Knirps immer die Nähe zu seinen Menschen sucht, ist er doch alles andere als ein Schoßhund. Sehr wichtig ist von Anfang an eine gute Sozialisierung mit Artgenossen, denn Chihuahuas sind sich ihrer Kleinheit absolut nicht bewusst; daher kann das Zusammentreffen mit anderen Hunden nicht immer einfach sein. Oft fühlen sich die Zwerge provoziert und wollen dann selbst einen Streit anzetteln; dieser Hang zum Größenwahn kann dem kleinen Vierbeiner schnell zum Verhängnis werden. Der Besuch einer Welpenspielstunde (mit kleinwüchsigen Hunden!) und auch spätere, häufige Hundekontakte sind also unbedingt angeraten. Im Haus zeigt sich der Chihuahua als sehr anschmiegsam, verschmust und menschenbezogen, im Freien jedoch kann er richtig aufdrehen. Eine angemessene Bewegung ist also auch für das temperamentvolle Bonsai-Hündchen wichtig. Trotz seiner Kleinheit ist eine liebevolle, konsequente Erziehung wie bei einem großen

Hund ein absolutes Muss, ansonsten kann einem selbst so ein Zwerg ganz schön auf der Nase herumtanzen. Er versteht es sehr gut, inkonsequente Halter mit viel Charme und Raffinesse um den Finger zu wickeln. Ein Chihuahua hat durchaus seinen eigenen Kopf, den er auch immer wieder mal durchsetzen will; deshalb wird er nie wie am Schnürchen folgen. Da der Knirps zudem sehr flink ist,

sollte man ihn in Straßennähe nicht frei laufen lassen. Weil der mexikanische Vierbeiner aber äußerst schlau und gelehrig ist, gilt er trotzdem als relativ leichtführig.

Es ist wichtig, den winzigen Knirps nicht zu verhätscheln, obwohl er sich natürlich gerne verwöhnen lässt; doch nur wenn er wie ein großer Hund behandelt wird, kommt sein wahres, ursprüngliches Wesen voll und ganz zur Geltung.

Charakterhund mit Köpfchen

Als echter Charakterhund ist jeder Chihuahua ein ganz eigenes, einmaliges Individuum. So gibt es Vertreter, die sich sehr gerne im Freien aufhalten und bei jedem Wetter ihre täglichen, langen Spaziergänge einfordern; andere wiederum sind eher Sommerhunde, die Schmuddelwetter verabscheuen und dann nicht einmal mit ihrem Lieblingsspielzeug oder einem guten Leckerli hinter dem Ofen hervorgelockt werden können. Die meisten Chihuahuas sind wahre Sonnenanbeter: Jeder sonnenbeschienene Fleck, auch im Haus, wird wohlig mit Beschlag belegt.

Allgemeine Wesensunterschiede gibt es zwischen den beiden Haarvarietäten durchaus. Der Kurzhaar-Chihuahua ist der ursprünglichere, robustere; Er kann recht stur und eigenwillig sein, daher braucht er auch eine etwas festere Hand, ansonsten spielt er gerne den Chef. Kurzhaarige Vertreter können auch streitsüchtiger sein. Chihuahuas mit langem Haar sind in der Regel sanfter und geben

Von hier oben ist die Aussicht deutlich besser!

Die langhaarigen Chihuahuas gelten als sanfter und sie geben häufig schneller nach. Für Rasseanfänger sind sie deswegen geeigneter, wobei Ausnahmen natürlich die Regel bestätigen.

schneller nach; deshalb sind sie besser für Rasseanfänger geeignet. Natürlich gibt es auch immer wieder mal den umgekehrten Fall: sanftmütige Kurzhaar- und sehr eigensinnige Langhaar-Hunde.

Bekannt sind die intelligenten Zwerghunde für ihr großes Einfühlungsvermögen in die Stimmungslagen ihrer Halter. Sie spüren sofort, wenn jemand traurig oder nicht gut drauf ist und suchen häufig gerade dann die Nähe zu ihrem Menschen. Zudem merken sie schnell, wer sie ernst nimmt und wer nicht. Einige Hündinnen geben sich wie echte Damen und entpuppen sich manchmal sogar als kleine Zicken. Grundsätzlich haben es alle Chihuahuas faustdick hinter ihren Öhrchen. Blitzschnell können die cleveren Vierbeiner ihre Leute überlisten, außerdem zeigen sie recht deutlich, was sie mögen und was nicht.

Häufig unterschätzter Zwerghund

Bei richtig erfolgter Prägung sind Chihuahuas neugierig und aufgeschlossen für alles und jeden. Mutig und angstfrei erkunden sie ihre Umwelt. Rassetypisch ist ihre unendliche Treue

17

Oben: Wenn Hund und Kind von Anfang an das richtige Miteinander lernen, können sie tolle Kumpel werden.

Rechts: Häufig muss ein Chihuahua-Halter bezüglich „seiner" Rasse ein dickes Fell haben, weil es immer wieder vorkommt, dass sein geliebter Zwerg belächelt wird.

ihren Menschen gegenüber. Der pfiffige Zwerg liebt Streicheleinheiten und sucht ständig nach Anerkennung und Bestätigung. Obwohl er niemals aufdringlich wird, hat er doch gewisse Tricks auf Lager, um die Aufmerksamkeit seiner Zweibeiner zu erregen.

Viele Chihuahuas haben die Angewohnheit, sich zum Schlafen unter Kleidung, einer Decke oder einem Kissen zu verkriechen; sie scheinen sich hier besonders geborgen zu fühlen.

Klein, aber oho!

Bei einem Chihuahua macht nicht die Körpermasse den Hund aus, sondern seine besondere Charakterstärke. Obwohl der Vierbeiner so klein ist, zeigt er ein voll ausgeprägtes, ursprüngliches, hündisches Verhalten. Um einen wirklich wesensstarken, gesunden und robusten Hund zu bekommen, ist es wichtig, ihn bei einem seriösen, verantwortungsvollen VDH-Züchter zu erwerben. Hier gelten strenge Auflagen, die nur Hunde zur Zucht zulassen, die physisch und psychisch völlig gesund sind und ein Mindestgewicht von 2000 g aufweisen. Das Idealgewicht eines unkomplizierten, „unverwüstlichen" Chihuahuas liegt zwischen 1500 g und 3000 g; kleinere Hunde sind krankheitsanfälliger und haben eine deutlich kürzere Lebenserwartung.

Ältere Kinder liebt der gelehrige Vierbeiner in der Regel sehr, vorausgesetzt natürlich Hund und Kinder werden zu einem richtigen Verhalten und Umgang miteinander angeleitet. Für Kleinkinder ist der Chihuahua aufgrund seiner geringen Größe und des zarten Körperbaus ungeeignet. Das Bonsai-Hündchen zeigt sich bis ins hohe Alter vital und verspielt.

Viele begeisterte Chihuahua-Fans vertreten die Meinung, zwei Hunde seien besser als einer; die Paar- oder gar Rudelhaltung ist bei solch kleinen Vierbeinern natürlich einfacher durchzuführen als bei großen Hunden, zumal die Rasse untereinander sehr verträglich ist. Zu mehreren gehalten bleiben die netten Mexikaner auch besser allein, denn eigentlich sind sie am liebsten überall mit dabei.

Leider muss ein Chihuahua-Halter häufig bezüglich „seiner" Rasse ein dickes Fell haben, denn es kann vorkommen, dass er etwas abfällig auf seinen Hund angesprochen oder gar belächelt wird; dies hat der Chihuahua absolut nicht verdient, denn jeder, der sich ernsthaft mit dem kleinen Kerlchen befasst, wird schnell positiv überrascht und neugierig auf mehr sein.

Ein gesunder und „unverwüstlicher" Chihuahua sollte zwischen 1500 g und 3000 g wiegen; kleinere Hunde sind oft krankheitsanfälliger und haben eine kürzere Lebenserwartung.

Der Chihuahua heute

Immer mit Spaß dabei – Chihuahuas haben Temperament und lieben sportliche Herausforderungen.

Inzwischen ist der Chihuahua bei Zwerghundefans zu einem begehrten Familien- und Begleithund geworden. Mit seiner liebenswerten, anpassungsfähigen Art fühlt er sich in einem Singlehaushalt genauso wohl wie in einer Familie mit Kindern. Wie bereits erwähnt, ist auch eine Paar- oder Rudelhaltung mit seinesgleichen unkompliziert und daher sehr beliebt. Für rüstige Senioren oder Menschen mit körperlicher Behinderung ist der sanfte Vierbeiner ebenfalls gut geeignet. Allein lebende Personen kommen durch das nette Wesen des Chihuahuas leicht mit anderen Leuten ins Gespräch; mit Hilfe des Hundes knüpfen sie somit schneller Kontakte und fühlen sich weniger einsam. Ein Einpersonenhaushalt ist mit einem Chihuahua nie leer und still, denn der kleine Kerl bringt trotz seiner Winzigkeit Leben in die Bude; außerdem hängt er so an seiner Bezugsperson, dass er ihr überallhin wie ein Schatten folgt; an der Seite eines Chihuahuas kann man sich also eigentlich gar nicht einsam fühlen.

Die meisten der mexikanischen Zwerge haben viel Temperament, lieben Wanderungen oder flotte Hundesportarten wie Mini-Agility. Auch Dogdancing, Mobility oder Trickdogging macht Chihuahuas großen Spaß, denn sie sind äußerst intelligent und lernen bei der richtigen Motivation gut und gerne. Trotzdem ist der vierbeinige Knirps selbst mit weniger Action zufrieden; einfache Spaziergänge, die allerdings mehrmals täglich sein müssen, reichen ihm natürlich auch. Beschäftigungsvorlieben zeigt der pfiffige Kerl seinen Leuten genau: Schnell merkt man, was er mag und was nicht.

Wegen seiner Feinfühligkeit, Menschenfreundlichkeit und seines liebenswerten, souveränen Auftretens lässt sicher der intelligente Vierbeiner außerdem zu einem sehr guten, einfühlsamen Therapiehund ausbilden. Altenheime, Krankenstationen oder Einrichtungen für Behinderte, die jemals einen Chihuahua kennengelernt haben, möchten seine fröhliche, herzerfrischende Art nicht mehr missen. Vor allem Kinder, aber auch Senioren in Heimen finden im sanften Chihuahua einen liebevollen und zarten Seelentröster, wenn es darauf ankommt, aber auch einen lustigen Clown, der gekonnt von Alltagsproblemen und Krankheiten ablenkt. Im Familien- und Begleithundesektor ist der Chihuahua also ein richtig guter Allrounder.

Chihuahuas im Spezialeinsatz

Einige Chihuahuas glänzten bereits als Fernsehstars. So spielte Hündin „Lady Gisie" in der RTL-Comedy „Angie" mit. Chihuahua „Jule" hingegen wurde durch die Fernsehserien „Girlfriends", „Bela Block" und „Alphateam" bekannt. Auch bei diversen TV-Werbespots sowie in Zeitungswerbungen kamen Chihuahuas zum Einsatz. Leider sieht man Chihuahuas im Fernsehen überwiegend auf dem Arm getragen. Dadurch entsteht leicht der Eindruck, dass die kleinen Vierbeiner viel getragen werden möchten. Dies ist natürlich falsch, denn am liebsten laufen Chihuahuas auf ihren eigenen Pfoten.

Anforderungen an den Halter

Darf Ihr Winzling in den Garten, ist ein intakter Gartenzaun wichtig, um zu verhindern, dass er alleine spazieren geht.

Fragen, die vorab zu klären sind

Überlegen Sie die Anschaffung eines Chihuahuas gut, schließlich liegt seine durchschnittliche Lebenserwartung bei etwa 12 Jahren; auch Hunde mit einem Alter von 16 Jahren sind keine Seltenheit. Ist es Ihnen finanziell möglich, für sämtliche Kosten, die der Vierbeiner mit sich bringt, über Jahre hinweg aufzukommen? Bedenken Sie, dass nicht nur die Grundausstattung und der Erwerb des Hundes selbst teuer sind, auch die tägliche Futterration will bezahlt werden. Zusätzlich müssen Sie eine Haftpflichtversicherung sowie regelmäßige Impfungen und Entwurmungen finanzieren. Obwohl der Chihuahua allgemein sehr robust und wenig krankheitsanfällig ist, kann Ihr Vierbeiner doch schnell unvorhergesehen erkranken; unter Umständen sind sogar langwierige und teure tierärztliche Behandlungen nötig.

Hinterfragen Sie außerdem, ob die äußeren Gegebenheiten stimmen. Leben Sie in einem Heim mit Garten, ist ein intakter Gartenzaun wichtig, damit sich Ihr Chihuahua nicht plötzlich unerlaubt aus dem Staub macht; mit einem guten Zaun kann sich der Vierbeiner auch unbeaufsichtigt draußen aufhalten, ohne zu entwischen.

Stellen Sie sich als zukünftiger Hundebesitzer außerdem darauf ein, dass ein vierbeiniger Mitbewohner viel Dreck ins Haus bringt. Vergessen Sie ebenfalls den Fellwechsel im Frühjahr und Herbst nicht, der sich im wahrsten Sinne des Wortes auch an Ihren Kleidern, Polstermöbeln und Teppichen niederschlägt.

Erkundigen Sie sich bei Ihrem Vermieter: Ist er mit der Anschaffung eines Hundes einverstanden? Klären Sie auch, ob Sie den Hund, bei Abwesenheit aller anderen Familienmitglieder, mit ins Büro nehmen dürfen, immerhin bleibt der menschenbezogene Vierbeiner nicht gerne allein, es sei denn, er hat Gesellschaft durch einen Zweithund.

> ### Bedenken Sie ...
> *Schaffen Sie einen Chihuahua nicht primär für Ihre Kinder an, sondern für sich: Schnell verlieren Kinder das Interesse oder gehen, flügge geworden, aus dem Haus. Sie müssen voll und ganz hinter einer Hundeanschaffung stehen, denn die Hauptarbeit bleibt unter Umständen bald an Ihnen hängen.*

Sind Sie in zukünftigen Urlauben mit Hund gewillt, eventuelle Abstriche zu machen, den Zielort und Unternehmungen betreffend? Möchten Sie ohne Vierbeiner verreisen, überlegen Sie vorab, ob Sie einen lieben Hundesitter an der Hand haben oder eine gute Hundepension bezahlen können.

Rassebedürfnisse

Machen die finanziellen und äußeren Gegebenheiten eine Hundeanschaffung möglich,

Oben: Der Chihuahua ist ein bescheidener und unkomplizierter Hund, der aber ebenso gern auch mal Action mag und im Mittelpunkt steht.

Links: „Was ist schöner als ein Chihuahua?“ Viele Chihuahuahalter meinen „zwei Chihuahuas“ ...

überlegen Sie sich gut, ob Sie auf Dauer, das heißt ein Hundeleben lang, genügend Zeit und Lust haben, den Ansprüchen eines Chihuahuas gerecht zu werden. Die meisten Vertreter sind temperamentvolle Energiebündel, die ihre Sportlichkeit gerne ausleben. Aber auch gemütliche Chis brauchen ihre täglichen Spaziergänge bei jedem Wetter. Dabei muss der Vierbeiner auch die Möglichkeit haben, sich richtig auszupowern und darf nicht nur an der kurzen Leine geführt werden. Aufgrund seiner hohen Anpassungsfähigkeit fühlt sich der kleine Mexikaner eigentlich bei jedem Hundeliebhaber wohl, der einfühlsam auf sein sensibles Wesen eingeht. Der Chihuahua ist ein bescheidener, unkomplizierter Hund, der aber trotzdem auch mal Action mag und gerne im Mittelpunkt steht. Da der intelligente Vierbeiner für jeden Spaß zu haben ist, sollten auch seine Besitzer über eine gehörige Portion Humor verfügen.

Zwerghunde haben generell einen schnelleren Stoffwechsel als große Vierbeiner; dieser macht manche Chis anfälliger für extreme Hitze und Kälte. Ein gesunder Chihuahua jedoch leidet nicht unter Sommerhitze. Grundsätzlich ist der Knirps eher wärmeliebend, bleibt er aber in Bewegung trotzt er auch Winterkälte. An Schmuddelwettertagen kann allerdings bei älteren und kranken Vertretern ein schützendes Mäntelchen nötig sein.

Auf einen äußerlich durch seine Klein- und Zartheit auffallenden Hund wie den Chihuahua werden Halter häufig angesprochen. Menschen, die einen Chihuahua rein als Prestigeobjekt ansehen, werden auf Dauer nicht glücklich mit einem fordernden Lebewesen wie es ein Hund nun mal ist; auch der Vierbeiner hat hier vermutlich schlechte Karten, mit all seinen Bedürfnissen voll zum Zug zu kommen. Können Sie den kleinen Großen jedoch gänzlich in Ihr Leben zu integrieren, geht es nun an die Auswahl des Hundes.

Hobby „Schmusen"

Chihuahuas sind unglaublich anhänglich und verschmust. Kuscheln steht bei ihnen ganz hoch im Kurs: Sie lassen keine Gelegenheit aus, sich an ihre Menschen zu drücken und somit Streicheleinheiten einzufordern. Auch untereinander lieben sie Körperkontakt und schlafen meist eng aneinander gekuschelt in einem Körbchen.

Um ausgeglichen und glücklich zu sein muss der clevere Chihuahua unbedingt auch geistig gefordert werden. Ansonsten tanzt er Ihnen bald auf der Nase herum.

Welpe oder erwachsener Hund?

Einen jungen Hund zu erziehen sowie die eventuell etwas renitente Flegelphase zu überstehen, kann manchmal ganz schön anstrengend sein.

Haben Sie sich für die Anschaffung eines Chihuahuas entschieden, stehen Sie nun vor der Frage, ob Sie einen Welpen oder einen erwachsenen Vierbeiner aufnehmen wollen. Ein Welpe ist wie ein Rohdiamant, den Sie erst schleifen müssen. Dies kostet viel Zeit und Geduld, sicherlich auch Nerven und Anstrengungen. Er verlangt ständige Zuwendung, auch nachts. Es dauert eine Weile bis der kleine Kerl stubenrein ist. Außerdem muss er erst lernen, alleine zu bleiben, muss sich an fremde Menschen, Tiere und einen normalen Alltag gewöhnen. Ein Chihuahua-Welpe benötigt anfangs noch viermal am Tag Futter; zudem sind mehrere kurze Spaziergänge einem ganz langen vorzuziehen, damit der Welpe nicht überfordert wird. Auch Treppensteigen ist untersagt, denn die noch weichen

Bitte bedenken Sie …

Lassen Sie Ihrem vierbeinigen Neuzugang viel Zeit für die **Eingewöhnung**. *Am besten nehmen Sie sich Urlaub, damit Sie sich erst einmal gegenseitig in Ruhe kennenlernen können. Geben Sie dabei Ihrem neuen Familienmitglied genügend Freiraum, sein jetziges Zuhause selbst zu erkunden; zeigen Sie ihm an-dererseits vom ersten Tag an liebevoll, aber bestimmt, was er darf und was nicht. Auch ausreichende Ruhephasen, in denen Ihr Vierbeiner nicht gestört werden möchte, müssen Sie respektieren, schließlich sind die vielen neuen Eindrücke auch anstrengend und ermüdend.*

Knochen und Gelenke des Hundekindes können sich durch Überbeanspruchung fehlentwickeln. Die Erziehung eines jungen Hundes sowie die eventuell etwas renitente Flegelphase werden Sie voll und ganz fordern. Andererseits lässt sich ein Welpe noch gut formen, er entwickelt sich also größtenteils genau zu dem, zu dem sie ihn machen. Natürlich auch im negativen Sinne: Haben Sie nicht von Anfang an eine klare Linie in Ihrer Erziehung, bekommen Sie bald einen aufsässigen, verzogenen Fratz, der Ihnen im Erwachsenenalter schnell über den Kopf wächst. Ein Chihuahua ist übrigens erst mit etwa zwei Jahren physisch und psychisch voll ausgereift.

Mit einem älterer. Vierbeiner kann dagegen schon etwas mehr Ruhe in Form einer ausgereiften Hundepersönlichkeit bei Ihnen einziehen. In der Regel ist ein erwachsener Chihuahua aus dem Gröbsten raus, er ist stubenrein,

Zieht ein älterer Vierbeiner bei Ihnen ein, ist er zwar schon aus dem Gröbsten raus. Allerdings kann sich der Hund auch schon allerlei Unsinn angewöhnt haben.

ist mit Halsband bzw. Geschirr und Leine vertraut, kann ab und zu mal alleine bleiben und kennt mindestens die erzieherischen Grundkommandos wie Sitz, Platz, Hier und Pfui, vorausgesetzt natürlich, er genoss bis zu diesem Zeitpunkt ein gutes Zuhause mit einer entsprechenden Prägung. Kennen Sie allerdings nicht lückenlos die Lebensgeschichte Ihres Zwerges bis zum Zeitpunkt des Einzuges bei Ihnen, kaufen Sie möglicherweise die „Katze im Sack". Erst im alltäglichen Zusammenleben zeigen sich der genaue Charakter, eventuelle Macken und das Verhalten des Vierbeiners. Daher kann die Aufnahme eines erwachsenen Hundes eher etwas für Kenner sein. Von Anfang an muss dem neuen Familienmitglied auch trotz seiner geringen Größe seine untergeordnete Stellung im Familienrudel klar gemacht werden. Eindeutige Regeln und Grenzen sind sehr wichtig für ein harmonisches Miteinander. Hunde-unerfahrene Menschen entscheiden sich also besser für einen Welpen als für einen gänzlich unbekannten erwachsenen Vierbeiner.

Ersthalter können mit Hilfe einer guten Hundeschule gemeinsam mit ihrem Welpen wachsen und lernen. Der Einzug eines Welpen erleichtert auch das Zusammengewöhnen mit eventuellen weiteren Haustieren. Halten Sie bereits einen oder mehrere Hunde, hat ein Welpe noch mehr Narrenfreiheit und wird eher spielerisch, aber doch bestimmt in die Rangordnung der anderen Rudelmitglieder eingewiesen. Bei einem erwachsenen, voll ausgereiften Neuzugang können dagegen heftige Kämpfe um die Rudelposition ausbrechen. Besondere Vorsicht gilt mit größeren Hunden, zumal sich der mexikanische Zwerg häufig Artgenossen gegenüber etwas größenwahnsinnig verhält; diese können einen Chihuahua aufgrund seines kleinen, zarten Körperbaus im Spiel oder bei Rangordnungskämpfen leicht verletzen.

Vom ersten Tag an sollten Sie Ihrem Chihuahua liebvoll, aber bestimmt zeigen, was er darf und was nicht.

Rüde
oder Hündin?

*Ist in der Nachbarschaft
eine Hündin läufig, wird
sich der verliebte Casanova
einiges einfallen lassen, um
zu ihr zu gelangen.*

Ob Ihre Wahl auf einen Rüden oder eine Hündin fällt, hängt von Ihren Erwartungen und Vorstellungen ab. In Vielem sind Rüden hartnäckiger und manchmal auch sturer als Hündinnen, weshalb ihre Halter bei der Erziehung meist etwas mehr Durchsetzungsvermögen brauchen. Außerdem muss sich ein Rüdenbesitzer von Zeit zu Zeit auf einen liebeskranken und somit fürchterlich leidenden Vierbeiner einstellen und zwar dann, wenn eine Hündin in der Umgebung läufig ist. Etliche verliebte Casanovas tun ihren Schmerz um die unerreichbare Angebetete sogar lautstark kund; diese Heulorgien können wiederum, vor allem bei einer Paar- oder Rudelhaltung, zu Ärger mit den Nachbarn führen. Zudem sind viele liebestolle Vertreter wahre Ausbrecherkönige, wenn es darum geht, ihrer „Traumfrau" näher zu kommen. Bei unkastrierten Rüden ist ein intakter Gartenzaun also besonders wichtig. Das ständige Markieren ist ebenfalls nicht jedermanns Sache; möglicherweise gehen dadurch sogar einige Pflanzen Ihres Gartens kaputt. Bei vermeintlich konkurrierenden Artgenossen lassen unkastrierte Rüden gerne den wilden Macho raushängen, der auch mal mit viel Getöse einen Schaukampf um die Rangordnung anzettelt. Solche Auseinandersetzungen sind zwar meist harmlos, trotzdem ist ein Chihuahua einem größeren Hund natürlich körperlich nicht gewachsen und kann schon bei einem Schaukampf Schaden nehmen.

Hündinnen untereinander fackeln, aus der instinktsicheren Sorge um ihren vermeintlichen Nachwuchs, mit echten Beißereien nicht lange; auch dieses natürliche Verhalten kann für den kleinen Chi beim Zusammentreffen mit größeren Hündinnen schwere Folgen haben. Eine gute Sozialisierung mit Artgenossen ist von Anfang an also gerade bei dieser Rasse enorm wichtig.

Hündinnen haben in der Regel eine zierlichere Statur als Rüden. Machtkämpfe wie sie bei Rüden um die hausinterne Rangordnung hin und wieder vorkommen können, sind bei Hündinnen eher selten; trotzdem können sie, vor allem hormonell bedingt, auch mal zickig sein. Eine Hündin wird ein- bis zweimal im Jahr läufig. Damit es nicht zu unerwünschtem Nachwuchs kommt, ist in diesem Zeitraum, der etwa drei Wochen dauert, besondere Vorsicht geboten. Während der Blutung ist ein spezielles Hundehöschen mit extra Slipeinlagen aus dem Fachhandel nötig, um Flecken im Haus zu vermeiden; daran gewöhnt sich der Vierbeiner jedoch sehr schnell. Möchten Sie die Läufigkeit Ihrer Hündin auf Dauer umgehen, schafft eine Kastration Abhilfe.

Äußere Umstände wie Stress oder klimatische Einflüsse (z.B. starke Kälte) sowie Krankheiten können die Läufigkeit beeinflussen, sodass sie eventuell auch mal ausbleibt oder sich verschiebt. Es ist außerdem möglich, dass sich die Abstände der Läufigkeit mit zunehmendem Alter der Hündin vergrößern und die Symptome nicht mehr so stark ausgeprägt sind.

Manche Hündinnen werden im Anschluss an ihre Hitze scheinträchtig. Hier haben sich homöopathische Mittel wie Pulsatilla oder Ignatia als hilfreich erwiesen. Geht die Scheinträchtigkeit jedoch mit Aggressivität, Apathie und übermäßiger Milchbildung einher, kann eine Kastration angebracht sein. Sprechen Sie in diesem Fall mit Ihrem Tierarzt.

Die läufige Hündin

Eine Chihuahuahündin wird zum ersten Mal zwischen dem siebten und zwölften Lebensmonat läufig. Insgesamt dauert die Hitze, die ein- bis zweimal im Jahr auftritt, etwa 21 Tage. Sie unterteilt sich in drei Phasen: Die ersten neun Tage nennt man Vorbrunst (Prooöstrus), äußerlich zu erkennen am Anschwellen der Schamlippen. Nun wird die Hündin ruhiger, vielleicht etwas launisch und markiert anfangs häufig; manchmal frisst sie auch schlecht und neigt zum Streunen. Jetzt lässt die Hündin zwar noch keinen Rüden an sich heran, ihr Interesse am anderen Geschlecht wächst jedoch zunehmend. Während der zweiten Phase, der sogenannten Hochbrunst oder Eisprungphase (Östrus) tritt immer mehr schleimiges, mit Blut vermischtes Sekret aus der Scheide aus. Zu diesem Zeitpunkt wandern die Eizellen vom Eierstock in den Eileiter; dort können sie befruchtet werden. Der Östrus dauert acht bis zehn Tage und ist zu erkennen am weiteren Anschwellen sowie einer noch stärkeren Rötung der Schamlippen. Die blutigen Ausscheidungen gehen in einen hellen Ausfluss über. Ab dem neunten Tag der Läufigkeit „steht" die Hündin; sie zeigt Rüden ihre Paarungsbereitschaft durch eine fast aufdringliche Annäherung und das seitliche Wegknicken ihrer Rute an. Nach dem Östrus folgt der Metöstrus; in dieser Phase klingt die Läufigkeit langsam ab, die Schwellung der Schamlippen geht zurück, der Ausfluss wird weniger. Auch das Verhalten „normalisiert" sich allmählich wieder.

Verhütung bei Hunden

Bei der Kastration einer **Hündin** nimmt man operativ die Eierstöcke und meist auch die Gebärmutter heraus. Da nun die entsprechenden hormonproduzierenden Drüsen fehlen, ist der Geschlechtstrieb nach einer Kastration völlig ausgeschaltet.

Das Risiko der Hündin, an Gebärmutterkrebs und an einem Gesäugetumor zu erkranken, wird durch die Kastration deutlich vermindert bzw. bei einer Kastration vor der ersten Läufigkeit praktisch ausgeschlossen. Andererseits kann eine so frühe Kastration ein dauerhaft kindlich-kindisches Wesen der Hündin zur Folge haben, denn der Reifeprozess, der durch die Hormone ausgelöst wird, fehlt hier; dies muss jedoch kein Nachteil sein. Bei einer Operation nach der ersten Läufigkeit liegt das Krebsrisiko für die Hündin bei ca. 8 %, nach der zweiten Läufigkeit bei ca. 26 %.

Ein **Rüde** ist kastriert, wenn seine beiden Hoden entfernt wurden.

Kastrierte Tiere werden in der Regel ruhiger. Manche Hunde neigen anschließend verstärkt zu Fettansatz (Futtermenge anpassen), eventuellen Fellveränderungen oder zeigen Inkontinenz. Während man Hündinnen hauptsächlich zur Vermeidung unerwünschten Nachwuchses kastriert, erfolgt die Kastration eines Rüden häufig bei Verhaltensauffälligkeiten.

Selbstverständlich lassen sich Verhaltensauffälligkeiten, die durch Erziehungsfehler des Halters entstanden sind, nicht durch eine Kastration korrigieren.

Manche Rüden haben, bedingt durch zu viel Testosteron, einen übersteigerten Sexualtrieb, der mit Streunen, übertriebenem Imponiergehabe und aggressivem Konkurrenzverhalten gegenüber anderen Rüden einhergeht. Hier oder bei krankhaften Veränderungen der Geschlechtsorgane kann die Kastration eines Rüden durchaus nötig sein.

Beim Rüden wirkt die Kastration auch als vorbeugende Maßnahme gegen Prostataerkrankungen und Perinaltumore (= Zubildungen rund um den After).

Letztendlich liegt es in den Händen eines verantwortungsvollen Tierarztes, individuell zu entscheiden, ob eine Kastration angebracht ist oder nicht.

Eine Alternative zur operativen Trächtigkeitsverhütung stellt die medikamentöse Verhütung mittels Hormonpräparaten dar. Diese Methode sollte allerdings nicht auf längere Zeit eingesetzt werden, denn die hormonelle Manipulation einer Hündin erhöht die Wahrscheinlichkeit einer eitrigen Gebärmutterentzündung, die in der Regel wiederum nur operativ zu behandeln ist.

Eine weitere ganz neue Möglichkeit ist die Verhütung mittels Implantat, das wie ein Mikrochip unter die Haut gespritzt wird und alle sechs Monate ausgetauscht werden muss. Laut Hersteller ist dieses Implantat nebenwirkungsfrei, allerdings ist es nicht ganz billig (etwa 50.- € Materialkosten). Für Hündinnen ist das Verhütungsimplantat noch in der Probephase. Bei Rüden wird es bereits eingesetzt; es zeigt die gleiche Wirkung einer operativen Kastration.

Ein Hund aus dem Tierheim

Viel Geduld und Einfühlungsvermögen brauchen Sie in der ersten Zeit für die Übernahme eines Hundes aus zweiter Hand. Besuchen Sie ihn oft im Tierheim und lernen Sie ihn kennen.

Beachten Sie ...
Die Übernahme eines Tierheimhundes erfordert in der Regel Hundeerfahrung, denn wie erwähnt, liegt die Vergangenheit des Vierbeiners häufig im Dunkeln; manche Tierheimhunde erscheinen auf den ersten Blick unkompliziert und anpassungsfähig; in unterschiedlichen, oft ganz banalen Situationen des Alltags holen sie jedoch rasch frühere schlechte Erlebnisse ein und lassen sie dementsprechend reagieren. Für Anfänger wird dies unter Umständen zu einem unlösbaren Problem; hundeerfahrene Menschen können sich dagegen kompetenter und souveräner darauf einstellen und damit auseinandersetzen. Erstlingshaltern sei daher geraten, zunächst einmal einen Chihuahua-Welpen von einem seriösen VDH- bzw. FCI-Züchter zu nehmen.

Möchten Sie einen Hund aus dem Tierheim aufnehmen, brauchen Sie meist viel Geduld und Einfühlungsvermögen. Die Vorgeschichte eines solchen Vierbeiners liegt oft völlig im Dunkeln, unerwartete Verhaltensweisen können auftreten. Selbst bei einem Tierheim-Welpen wissen Sie häufig nichts Näheres über seine bisherige Haltung. Da schon eine gute Kinderstube sehr wichtig und prägend für eine intakte Hundeseele ist, kann hier bereits einiges schief gelaufen sein, was sich nur schwer wieder ausbügeln lässt. Auch das Wesen der Elterntiere, die Sie im Tierheim meist nicht kennenlernen, ist ein wichtiger Anhaltspunkt für den späteren Charakter Ihres jetzt ausgesuchten Zöglings. Je nach früheren Erlebnissen hat Ihr junger oder älterer Chihuahua vielleicht schon einige Macken, die Sie erst allmählich herausfinden

müssen. Trotzdem lohnt es sich, diese Nuss behutsam zu knacken.

Besuchen Sie Ihren auserwählten Vierbeiner bereits im Tierheim häufiger und gehen Sie mit ihm spazieren, ehe Sie sich endgültig für eine Übernahme entscheiden. Die Auswahl eines Tierheimhundes erfordert besondere Sorgfalt, schließlich soll der Vierbeiner mit seiner neuen Familie zu einem echten Glückspilz und nicht, nach seinen ersten auftauchenden Eigenarten, zum erneut abgeschobenen Pechvogel werden. Wichtig ist, sich und den Hund von Anfang an nicht unter Druck zu setzen. Geben Sie sich für die Gewöhnung aneinander unbedingt ausreichend Zeit. Weisen Sie Ihre Kinder schon im Vorfeld darauf hin, dass der neue Vierbeiner erst einmal Ruhe und Behutsamkeit zur Eingewöhnung braucht. Besser, erst genau beobachten, wahrnehmen und abwarten.

Auswahl von Züchter und Hund

Sie treffen Ihre Entscheidung für die nächsten 10 bis 15 Jahre – lassen Sie sich also Zeit.

Entscheiden Sie sich für den Kauf eines Hundes vom Züchter, bekommen Sie eine aktuelle Wurfliste über die Welpenvermittlungsstellen der dem VDH angeschlossenen Rassevereine. Vergleichen Sie verschiedene Zwinger kritisch vor Ort miteinander. Nehmen Sie die Zuchtstätte genau unter die Lupe und kaufen Sie nicht den erstbesten Welpen vom erstbesten Züchter. Scheuen Sie sich nicht vor weiten Anfahrtswegen, immerhin geht um die sorgfältige Auswahl eines neuen Familienmitglieds, mit dem Sie viele glückliche Jahre teilen möchten. Stellen Sie sich auch auf eine eventuelle Wartezeit ein, denn häufig wird nur auf Nachfrage hin gezüchtet. Dies ist allerdings ein gutes Zeichen, spricht es doch für eine reine Hobbyzucht, die primär an die Hunde und nicht an den Profit denkt. Trotzdem muss Ihnen ein gesunder Chihuahua-Welpe einiges Wert sein: der Welpenpreis liegt derzeit bei 1000.- € bis 1200.- €.

Achten Sie darauf, dass die Welpen mit vollem Familienanschluss aufwachsen, und sich bei Ihrem Besuch interessiert, selbstbewusst und freundlich zeigen. Ihr Fell glänzt, sie sind gut genährt und sehen rundum gesund aus. Die Welpen dürfen weder ängstlich noch aggressiv reagieren. Nehmen Sie außerdem die Mutter und, falls anwesend, auch den Vater, sowie deren Gesundheitszeugnisse der Zuchttauglichkeitsprüfung gründlich in Augenschein. Beide Elterntiere sollten nicht zu klein und von freundlichem, aufgeschlossenem Wesen sein. Vergewissern Sie sich, ob die Zuchtstätte sauber und hygienisch ist.

Ein guter Züchter befragt Sie ausführlich: Er interessiert sich sehr für Sie, Ihr Umfeld und eventuell bereits vorhandene Hundeerfahrung. Außerdem wird er Sie in keiner Weise bedrängen oder Ihnen einen Welpen aufschwatzen. Das Wohl seiner Hunde liegt ihm wirklich am Herzen.

Haben Sie sich schließlich für einen Züchter und einen seiner Welpen entschieden, vereinbaren Sie vor der Abholung Ihres Vierbeiners weitere Besuche, damit sich der Kleine schon etwas an Sie gewöhnt. Bringen Sie dabei ein altes Handtuch mit, das in das Welpenlager gelegt, bald nach der Mutter und den Wurfgeschwistern riecht. Dieses Tuch nehmen Sie bei der Abholung des Welpen wieder mit und legen es dem Hundekind zu Hause in sein neues Körbchen. Durch den weiterhin vorhandenen bekannten Geruch fällt Ihrem Vierbeiner somit die Trennung von seiner Kinderstube nicht so schwer.

Lassen Sie sich vom Züchter auch die Mutter der Welpen zeigen.

Nur vom seriösen Züchter

Tätigen Sie keine Mitleidskäufe! Bei dubiosen Schwarzzuchten oder Hundehändlern liegen Herkunft, Aufzucht und Vergangenheit der Hunde oft völlig im Dunkeln, sodass Sie anstelle eines gesunden und wesensfesten Rassehundes schnell eine Mogelpackung bekommen, die Ihnen mit zunächst versteckten Krankheiten und Verhaltensstörungen ein Hundeleben lang Kummer bereiten kann.

Das Warten auf einen Welpen von einer kontrollierten VDH- bzw. FCI-Zucht lohnt sich allemal; hier gelten strenge Zuchtauflagen, die eine gute Basis für das Hervorbringen robuster, gesunder und wesensstarker Vierbeiner bilden. Ein gleichzeitiges Aufziehen mehrerer

Würfe (möglicherweise noch von unterschiedlichen Rassen) innerhalb einer Zuchtstätte sollte Sie stutzig machen, spricht dies doch sehr für eine rein kommerzielle Angelegenheit. Die deutschen VDH-Zuchtvereine verbieten solch ein Vorgehen.

Welches Zubehör ist nötig?

Nach der Ankunft im neuen Zuhause sollte Ihr kleiner Hund nicht vor einem leerem Napf sitzen.

Für Ihren Welpen benötigen Sie zunächst ein **Welpenhalsband** oder noch besser **-geschirr** und eine leichte **Leine**. Als Material hat sich Nylon bewährt; im Vergleich zu Leder ist es leichter, stabiler, nässefester und problemloser zu reinigen. Der ausgewachsene Hund braucht später ein größeres und breiteres Halsband oder Geschirr sowie eine passende Leine. Gewöhnen Sie Ihr Hundekind unmittelbar an das Tragen eines Halsbandes. Bringen Sie am Halsband neben der Steuermarke eine gravierte Plakette oder eine Hülse mit Ihrer Adresse und Telefonnummer an, damit Sie im Falle des Verschwindens Ihres Vier-

beiners schnell benachrichtigt werden können. Achten Sie darauf, dass das Halsband nicht zu eng und nicht zu locker sitzt. Ein Finger muss problemlos zwischen Hals und Halsband passen.

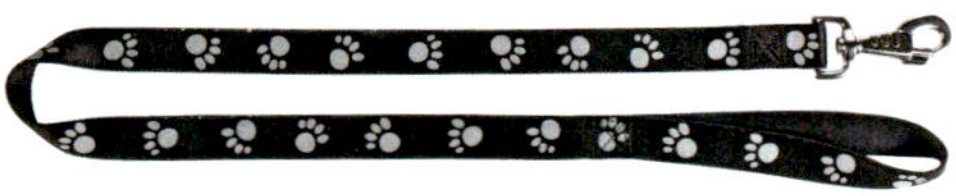

Besorgen Sie außerdem für Haus und Garten je ein Set mit einem **Futter-** und einem **Wassernapf**. Edelstahl- oder stabile Plastiknäpfe sind die beste Wahl, da sie auch leicht zu reinigen sind.

Damit Ihr Hund nach seiner Ankunft nicht vor einem leeren Napf sitzt, kaufen Sie ein hochwertiges Welpenfutter ein; lassen Sie sich hierbei am besten von Ihrem Züchter beraten; eventuell gibt er Ihnen auch etwas von

seinem Futter mit. Auch Leckereien zum Belohnen dürfen nicht fehlen.

Schlafplatz, Fellpflege und Spielzeug

Selbst wenn es noch so verlockend ist, einen Zwerg wie den Chihuahua mit ins Bett oder auf die Couch zu nehmen, braucht Ihr Hund doch seinen eigenen Liegeplatz; manchen Vierbeinern genügt hier eine einfache Decke oder ein Kissen, andere kuscheln sich lieber in einen **Korb**. Wichtig ist in jedem Fall eine leichte, unproblematische Reinigung, denn angemessene Sauberkeit und Hygiene sind eine unverzichtbare Basis für ein langes, gesundes Hundeleben. Achten Sie darauf, dass alle Decken und Kissen maschinenwaschbar sind. Haben Sie einen Korb angeschafft, schrubben Sie diesen von Zeit zu Zeit aus und desinfizieren Sie ihn anschließend mit einem unschädlichen Ungezieferspray. Inzwischen sind Hundekörbe nicht nur aus Rattangeflecht erhältlich, sondern auch aus stabilem, beißfestem Plastik oder aus Schaumgummi und Kunstwatte mit Stoffüberzug. Als Übergangslösung hat sich für einen Junghund, der noch alles annagen und zerbeißen will, ein mit einer Decke ausgelegter Karton bewährt, der schnell und preiswert ausgetauscht werden kann.

Vielseitig verwendbar und ebenfalls sehr praktisch ist eine **Plastik-Transportbox**. Ihr Welpe findet darin bereits ein heimeliges Lager vor, in dem Sie ihn während Ihrer Abwesenheit auch mal für kürzere Zeit ausbruchssicher verwahren können; später weiß Ihr erwachsener Chihuahua diese Rückzugsmöglichkeit sogar zu schätzen, vermittelt das Innere solch einer Box doch die Geborgenheit einer Höhle.

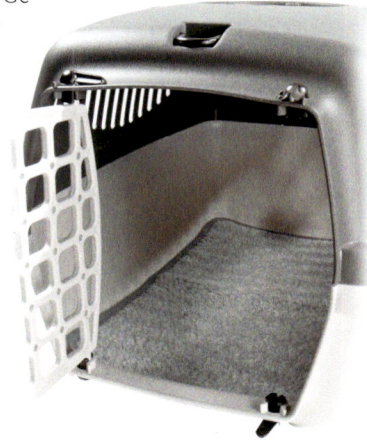

Eine Box ist ebenfalls sehr hilfreich für eine sichere Unterbringung Ihres Hundes im Auto. Eine ordnungsgemäße Sicherung des Vierbeiners **in einem Auto** ist übrigens Pflicht; bei Verstoß drohen hohe Geldstrafen. Sie können

In solch einer Kuschelhöhle lässt es sich wunderbar dösen. Wenn es sein muss, passen auch zwei Chihuahuas in ein heiß geliebtes Versteck …

EXTRA

Das richtige Hundespielzeug

Darf der Chihuahua im Kofferraum mit Auto fahren, muss er ausreichend gesichert werden, damit allen Insassen im Falle eines Falles nichts passiert.

Ihren Chihuahua auch mit einem speziellen Hundegurt auf der Rückbank anschnallen oder Sie verwenden ein Trenngitter, das den Schrägheckkofferraum, in dem Ihr Vierbeiner sitzt, sicher vom Personenabteil abtrennt.

Für den Fellwechsel im Frühjahr und Herbst benötigen Sie **spezielle Bürsten und Kämme** für lang- bzw. kurzhaarige Hunde, je nach Haarart Ihres Chihuahuas. Handtücher zum Abtrocknen und Säubern dürfen für Schlechtwettertage nicht fehlen.

Schaffen Sie sich außerdem eine **Zeckenzange** an, um Ihren bellenden Freund schnell von den lästigen Plagegeistern befreien zu können.

Zu guter Letzt braucht Ihr Chihuahua natürlich **Spielzeug**.

Orientieren Sie sich bei der Auswahl von Hundespielzeug am besten an folgendem Grundsatz: Alles, was für Kleinkinder ungeeignet ist, kann auch für Hunde gefährlich werden. So sind spitze, scharfkantige und splitternde Gegenstände oder Dinge, in denen Drähte oder Nägel enthalten sind, für unsere Vierbeiner absolut tabu. Ebenfalls verboten sind Äste von giftigen Bäumen oder Sträuchern und lackierte Hölzer. Luftballons stellen eine Gefahr dar, weil sie zerbissen schnell heruntergeschluckt werden und eine Darmverschlingung hervorrufen können. Ihr Chihuahua

Nehmen Sie sich viel Zeit, um mit Ihrem Chihuahua zu spielen. Die aus bunten Baumwollschnüren zusammengedrehten Knoten sind sehr beliebt.

Leckerlis und Spielzeug dürfen für Ihren Chihuahua natürlich nicht fehlen.

darf sich nicht an den Spielsachen Ihrer Kinder wie z.B. Legobausteinen sowie an Schnüren, Nylonstrümpfen, Windlichtern oder Plastikbechern vergreifen. Unproblematisch sind spezielle Hundespielsachen aus Hartholz, Jute, Hartgummi, Stoff und reißfestem Nylon. Kauspielzeug aus natürlichen Materialien, wie Rinder- und Büffelhaut, bietet nicht nur eine interessante Beschäftigung, sondern hat gleichzeitig einen gesundheitlichen Nutzen, denn es stärkt und reinigt das Gebiss. Bälle müssen immer so groß sein, dass sie Ihr Hund nicht verschlucken kann. Quietschspielzeug ist nur bedingt geeignet, denn ist Ihr Vierbeiner ein besonders eifriger „Spielzeug-Designer" zerlegt er auch ein Quietschtier schnell und frisst möglicherweise sogar das quietschende Ventil. Zudem sind einige Kynologen der Meinung, dass ein Hund durch das ständige Quietschen die Beißhemmung gegenüber quiekenden Artgenossen verlernt. Besser bewährt haben sich Spielsachen aus robustem Hartgummi.

Ein begeisterter Apporteur sollte wegen der Splittergefahr auf Stöckchen aus dem Wald verzichten; besorgen Sie ihm stattdessen lieber Hartholzspielzeug aus dem Zoofachhandel, das es sogar in Chihuahuagröße gibt. Diese Apportierhölzer kommen auch auf Hundeplätzen zum Einsatz. Als Alternative gibt es Bringsel aus Jute oder Leder, die absolut maulschonend sind. Ein aus bunten Baumwollschnüren zusammengedrehter Knoten ist zwar sehr beliebt, kann jedoch gefährlich werden, wenn der Vierbeiner den Knoten zerlegt und zu viele Schnüre davon verschluckt.

Welpensicheres Zuhause

Überprüfen Sie Ihr Zuhause schon vor dem Einzug eines Welpen auf mögliche Gefahrenquellen für den kleinen Vierbeiner und beseitigen Sie diese gegebenenfalls. Für den noch unerfahrenen, verspielten Chihuahua, der ständig auf der Suche nach neuen Abenteuern ist, lauern etliche Gefahren in Haus und Garten. Welpen erkunden ihre Umgebung in erster Linie mit der Nase und mit den Zähnen, das heißt: Alles, was Hund aufstöbert, muss beknabbert oder sogar gefressen werden. Besonders gefährlich und gefährdet sind hier Kabel und mobile Mehrfachsteckdosen. Verlegen Sie Kabel daher entweder in Kabelkanälen oder lagern Sie diese, solange der Welpe noch in der Flegelphase ist, höher. Versehen Sie Steckdosen am Boden und in Nasenhöhe des vierbeinigen Knirpses vorsichtshalber mit Kindersicherungen. Putzmittel und Medikamente müssen ebenfalls außer Reichweite des jungen Chihuahuas aufbewahrt werden. Erhöhte Vorsicht gilt bei Pflanzen, besonders, wenn sie giftig sind. Stellen Sie auch diese vorübergehend hoch oder quartieren Sie sie an einen anderen Ort um. Ein weiteres großes Gefahrenpotenzial stellen heruntergefallene Kleinteile wie Büroklammern, Stecknadeln oder Geldstücke dar, weil sie der Welpe aus Neugier fressen könnte. Von ganz besonderer Anziehungskraft sind Schuhe. Junghunde spüren häufig mit einer erstaunlichen Zielsicherheit gerade das teuerste Paar auf und zerlegen es; vielleicht waren Sie aber auch schneller und haben die

Gefährliche Treppen, wie etwa die rutschigen Steinstufen, lassen sich am besten mit einem Babygitter sichern.

Schuhe rechtzeitig in Sicherheit gebracht. Besonders interessiert ist der Welpe überall dort, wo es etwas auszuräumen gibt. Sichern Sie daher Möbeltüren oder Schubladen. Ein mit einem Vorhang abgehängtes Regal regt enorm die Neugier eines jungen Hundes an; evakuieren Sie also rechtzeitig empfindliche Gegenstände. Höchst attraktiv sind auch Abfalleimer, deren Inhalt Ihren Chihuahua auf vielfältige Art schädigen kann. Steigen Sie deshalb besser auf Abfalleimer mit fest verschlossenem Deckel um. Nicht zuletzt ist das wilde Toben des kleinen Rackers gefährlich: Ist ein Welpe erst einmal in Fahrt, kennt er kein Halten mehr. Sichern Sie Treppen daher am besten mit einem Babygitter. Natürlich müssen Sie generell alles Zerbrechliche aus dem Weg räumen.

Zusammenfassend gilt Alles, was für Babys oder Kleinkinder in einem Haushalt gefährlich ist, kann auch für einen jungen Hund lebensbedrohlich werden. Richten Sie sich jedoch durch entsprechende Vorkehrungen rechtzeitig darauf ein, wird das Zusammenleben mit Ihrem Chihuahua-Welpen in der heißen (Flegel-)Phase sicherlich stressfreier sein.

Tipps für den Garten

Auch im Garten kann es für einen jungen Hund gefährlich werden. Denken Sie hier an Folgendes:

ⓘ *Damit sich der Welpe nicht unerlaubt auf Wanderschaft begibt, umzäunen Sie Ihr Grundstück.*

ⓘ *Flicken Sie rechtzeitig vor Ankunft des Vierbeiners Löcher im bereits vorhandenen Zaun.*

ⓘ *Lagern Sie gefährliche Stoffe in der Garage wie beispielsweise Frostschutzmittel für das Auto am besten in einem verschließbaren Schrank.*

ⓘ *Vorsicht mit der Aufbewahrung und Verwendung von Chemikalien im Garten (z.B. Dünger, Schneckenkorn etc.).*

ⓘ *Komposthaufen und Gartenteich sollten für Ihren Chihuahua unzugänglich sein.*

ⓘ *Bewahren Sie gefährliche Gartengeräte wie Scheren, Sägen, Rechen und Hacken außerhalb der Reichweite Ihres Hundes auf.*

ⓘ *Hängen Sie den Gartenschlauch sicherheitshalber auf.*

Die ersten Tage daheim

Für die Heimfahrt mit Ihrem Welpen sollten Sie sich viel Zeit lassen – schließlich ist für den Kleinen alles noch neu.

Ein seriöser Chihuahua-Züchter gibt seine Welpen geimpft und entwurmt nicht vor der zwölften Lebenswoche ab. Am Abgabetag stattet er Sie mit dem Impfpass, Papieren (wenn diese bereits vorliegen), Pflege- und Fütterungstipps und etwas Futter für den Übergang aus. Vergessen Sie zur Abholung Ihres Hundekindes Welpenhalsband und Leine nicht. Wenn Sie berufstätig sind, nehmen Sie sich mindestens in den ersten zwei Wochen nach Einzug des Vierbeiners frei.

Dies erleichtert nicht nur die Erziehung zur Stubenreinheit, sondern ist auch für die gesunde, seelische Entwicklung des Hundebabys sehr wichtig.

Lassen Sie sich für die Heimfahrt viel Zeit. Eine längere Autofahrt ist für Ihren Welpen neu und ungewohnt; manchen Hundekindern wird zunächst einmal übel, einige speicheln daraufhin nur, andere müssen sich übergeben. Machen Sie unterwegs mehrere Pausen, in denen sich Ihr kleiner Chihuahua lösen und

samkeit angebracht, damit der neue Mitbewohner nicht verängstigt wird. Zeigen Sie Ihrem Welpen seinen Schlafkorb. Setzen Sie ihn immer wieder hinein und beschäftigen Sie sich dort eine Weile mit ihm. Verbinden Sie dies schon von Anfang an mit dem Kommando „Körbchen". So merkt er bald, dass der Korb sein Platz ist und lernt schnell, auch auf Befehl dorthin zu gehen. Hat sich die erste Aufregung im neuen Heim für den Kleinen etwas gelegt, bekommt er sein Futter. Ein zwölf Wochen alter Chihuahua-Welpe muss vier Mahlzeiten erhalten. Eine Futterumstel-

Wenn Sie mit Ihrem Welpen zu Hause angekommen sind, geben Sie ihm erst einmal genügend Zeit, damit er ausgiebig seine neue Umgebung erkunden kann.

bewegen kann; fahren Sie langsam und knallen Sie nicht mit den Autotüren.

Ankunft im neuen Zuhause

Sind Sie mit Ihrem Welpen zu Hause angekommen, geben Sie ihm erst einmal genügend Zeit und Möglichkeit, sein neues Domizil ausgiebig zu erkunden. Auf keinen Fall dürfen alle Familienmitglieder gleichzeitig auf ihn einstürmen. In den ersten Stunden ist Behut-

lung darf nur langsam erfolgen. Mischen Sie hierfür nach und nach das mitgegebene Futter des Züchters mit Ihrem neuen Futter. Nach dem Füttern bringen Sie den Welpen sofort nach draußen, damit er sich lösen kann. Genauso verfahren Sie, wenn Ihr junger Chihuahua nach dem Schlafen aufwacht.

41

Manchen Welpen kann es helfen, wenn Sie ihm einen Wecker unter sein Kissen legen. Das Ticken beruhigt ihn, da es ihn an den Herzschlag der Mutter erinnert.

Beachten Sie, dass ein Welpe zunächst wie ein Baby noch sehr viel Schlaf braucht, ein Bedürfnis, dem Sie unbedingt Rechnung tragen sollten. Zur Erleichterung der Eingewöhnung nachts stellen Sie das Körbchen am besten an Ihr Bett. Ist Ihr Hund sehr unruhig, legen Sie ihm einen Wecker unter sein Kissen. Das Ticken erinnert ihn an den Herzschlag der Mutter und beruhigt ihn. Werden Sie ob dieses kleinen, niedlichen und vermeintlich hilflosen Geschöpfes nicht schwach und lassen den Welpen ins Bett. Damit tun Sie sich und dem Hund keinen Gefallen. Dies wäre bereits der erste Schritt für den kleinen Neuankömmling in der Rangordnung mit Ihnen zu konkurrie-

ren. Streicheln Sie Ihren, in seinem Körbchen liegenden Vierbeiner lieber von Ihrem Bett aus in den Schlaf. Die zärtliche Berührung mit Ihrer Hand gibt ihm all die Geborgenheit und das Vertrauen, das er braucht, um als Hundebaby einem neuen aufregenden Tag entgegen zu schlafen.

Viel Geduld mit Tierheimhunden

Ein Second-Hand-Hund benötigt besonders viel Zeit zur Eingewöhnung. Um ein besseres Bild von seiner Persönlichkeit zu bekommen, beobachten Sie den Neuankömmling ganz genau. Rasch finden Sie heraus, ob Sie nun ein extremes Sensibelchen oder eher ein forsches Raubein im Haus haben. Lassen Sie Ihrem Neuzugang nichts durchgehen, was er auch später nicht tun darf. Ein ehemaliger Tierheimhund wird in einer neuen Familie zunächst mit Reizen überflutet, die er erst einmal in Ruhe verarbeiten muss. Trotzdem ist es wichtig, Ihren Chihuahua von Anfang an so natürlich wie möglich an Ihrem normalen Tagesablauf teilhaben zu lassen. Damit Ihr vierbeiniger Kamerad bald seinen festen Rhythmus kennt, führen Sie sofort feste Fütterungs-, Spiel- und

Vorsicht, Winzling!
Da ein Chihuahua-Welpe aufgrund seiner Kleinheit schnell mal übersehen werden kann, öffnen und schließen Sie Türen langsam, damit Sie den Knirps nicht aus Versehen einklemmen. Vorsicht gilt auch mit gekippten Fenstern oder Türen; diese können für den neugierigen Zwerg ebenfalls zur lebensgefährlichen Falle werden.

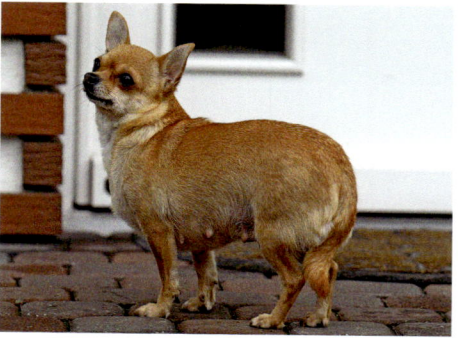

Sie sind der Chef! Ihre Regeln hat der kleine Vierbeiner einzuhalten – bleiben Sie konsequent und lassen Sie ihm nichts durchgehen, auch nicht ausnahmsweise.

Spaziergehzeiten ein. Hat sich die erste Aufregung gelegt, wird Ihr Hund auch Sie ganz genau beobachten; einem Chihuahua entgeht nichts. Er durchschaut schnell, wer in der Familie das Sagen hat und wer nicht und wo es Schwachstellen in der familieninternen Rangordnung gibt. Daher ist es besonders wichtig, klare Regeln vorzugeben, die der Vierbeiner strikt einhalten muss. Ihr Chihuahua ist rasch ausgeglichen und glücklich, wenn er sofort einen eindeutigen Platz in der neuen Lebensgemeinschaft einnimmt, mit einem Mensch an der Spitze, an dem er sich orientieren kann.

Die ersten Ausflüge

Bei Ihren ersten Spaziergängen sehen Sie, wie sich Ihr wedelnder Neuzugang Artgenossen gegenüber verhält. Auch für einen erwachsenen Chihuahua ist der regelmäßige Kontakt zu anderen Hunden nötig. Machen Sie Ihren kleinen Vierbeiner möglichst bald, jedoch an der Leine gehalten, mit eventuellen anderen Haustieren bekannt. Hat Ihr neuer Kamerad in seiner Prägephase keine gute Sozialisierung erfahren, ist der Besuch einer Hundeschule empfehlenswert. Ein Second-Hand-Hund kann hier zusammen mit seinem Halter noch sehr viel lernen. Erziehungstechnisch brauchen Sie bei einem erwachsenen Hund meist nicht ganz bei Null anfangen, sondern können auf die bereits

Der Kontakt zu Artgenossen ist wichtig und gemeinsames Gassigehen macht auch mehr Spaß.

vorhandenen Grundlagen aufbauen. Wichtig ist, dass Ihr Chihuahua nun Sie als neuen Hundeführer und somit Kommandogeber akzeptiert Zeigen Sie daher unbedingt Konsequenz und Einfühlungsvermögen; außerdem muss es Ihrem Zwerg Spaß machen, Ihnen zu gehorchen. Die richtige Motivation ist also das A und O einer erfolgreichen, partnerschaftlichen Erziehung.

Verantwortungsvolle Züchter machen ihre Hunde mit den verschiedensten Umweltreizen bekannt.

Sozialisierung

Schon der Welpe muss mit möglichst vielen Umweltreizen vertraut gemacht werden, damit er später als erwachsener Hund einen stressfreien Alltag mit einem sozialverträglichen Verhalten gegenüber Mensch und Tier leben kann. Die wichtigste Zeitspanne für die Sozialisierung liegt zwischen der dritten und etwa der 16. Lebenswoche. Für die erste Phase ist also der Züchter verantwortlich: dort soll der Welpe nicht nur durch den Umgang mit seiner Mutter und den Wurfgeschwistern hündisches Verhalten lernen; auch möglichst viele positive Erfahrungen mit verschiedenen Menschen, einschließlich Kindern sind für die weitere Entwicklung des kleinen Vierbeiners wichtig.

Bei einem verantwortungsvollen Züchter sind darum ab der vierten Woche Besucher willkommen, selbstverständlich dosiert, um die Welpen nicht zu überfordern. Durch eine ab-wechslungsreiche Umgebung wird das Hundekind bereits mit diversen Umweltreizen vertraut gemacht. Dies kann beispielsweise ein kleiner Abenteuerspielplatz im Welpenauslauf sein; kurze Ausflüge sind dagegen erst erlaubt, wenn der Welpe komplett geimpft ist (ab der achten Lebenswoche). Hundekinder, die bis zu ihrer Abholung (und auch danach) völlig abgeschottet von ihrer Umwelt leben, tragen in der Regel irreparable Schäden davon, die sie an einer normalen Entwicklung hindern; solche Hunde bleiben häufig ihr Leben lang unglückliche Sorgenkinder, die sich ständig als unsichere Angsthasen oder auch Beißer gebärden. Nach der Abholung Ihres Chihuahuas vom Züchter liegt die weitere Entwicklung des Welpen in Ihrer Hand.

Machen Sie ihn zu Hause mit möglichst vielen Situationen bekannt: Sperren Sie ihn nicht weg, wenn Sie staubsaugen; grenzen Sie den Kleinen auch nicht aus, wenn Besuch kommt. Dies bedeutet natürlich nicht, dass Sie sofort nach der Ankunft des Vierbeiners den Staubsauger schwingen oder gar eine große Party feiern sollen. Vielmehr macht's die richtige Dosierung, damit Ihr junger Chihuahua langsam, aber sicher alle Geräusche und Abläufe um ihn herum als völlig normal ansieht.

Leben noch andere Tiere bei Ihnen, gewöhnen Sie alle Vierbeiner ganz behutsam aneinander. Auf Stadtausflüge wird Ihr Welpe optimal vorbereitet, wenn Sie Großstadtgeräusche zunächst von einem Band abspielen; am günstigsten ist dies während der Fütterung, denn dann verknüpft Ihr kleiner Chihuahua die ungewohnten Geräusche gleich mit etwas Positivem. Steigern Sie die Lautstärke allerdings erst allmählich. Gewöhnen Sie Ihren jungen Vierbeiner ebenfalls frühzeitig an die Mitnahme und das gesittete Verhalten im Auto und in öffentlichen Verkehrsmitteln.

Neue Eindrücke sammeln

Auf Spaziergängen lassen Sie den Welpen in Ruhe seine Umgebung erkunden. Streuen Sie zwischendurch kleine Spielchen ein, die all seine Sinne und vor allem auch das Interesse

Gewöhnen Sie Ihren Welpen langsam an alle Geräusche und Situationen des Alltags.

an Ihnen wecken. Auf diese spielerische Art merkt Ihr Chihuahua schnell, dass es sich lohnt, Ihnen zu folgen. Wechseln Sie öfters mal die Wege und provozieren Sie Begegnungen mit Artgenossen, anderen Tieren und Menschen. Beginnen Sie hier bereits spielerisch die Erziehung, indem Sie Ihrem Zwerg beispielsweise durch Ablenkung mit einem verlockenden Spielzeug schon beibringen, fremde Menschen nicht anzuspringen. Respektieren Sie auch, wenn ein anderer Hundebesitzer von einem Zusammentreffen mit Ihnen Abstand nimmt; vielleicht genoss sein Hund nicht so eine gute Sozialisierung wie Ihrer. Nehmen Sie Ihren Welpen dann lieber an die kurze Leine und gehen Sie ohne direkten Kontakt am anderen Vierbeiner vorbei; schließlich muss Ihr Chihuahua auch lernen, sich in solchen Fällen manierlich zu verhalten.

In die wichtige Sozialisierungsphase fällt ebenso das Kennenlernen verschiedener Bodenuntergründe sowie von Wasser.

Unbedingt empfehlenswert ist der Besuch einer Welpenspielstunde in einer guten Hundeschule. Hier lernt der junge Vierbeiner zusammen mit gleichaltrigen Artgenossen, wie er sich hündisch korrekt

Mit einem anderen Hund im Haushalt kann eine tolle Freundschaft entstehen.

Oben: Das Kennenlernen verschiedener Bodenuntergründe und auch Wasser ist für die Sozialisierungsphase wichtig.

Rechte Seite: Regelmäßiger Hundebesuch bei Ihnen daheim sorgt dafür, dass Ihr Chihuahua verträglich mit anderen Hunden bleibt; dies kann sogar „Einzelkindallüren" entgegenwirken.

verhält. Allerdings sollte darauf geachtet werden, dass der Chihuahua-Welpe nur mit Welpen anderer Zwergrassen spielt, denn Junghunde größerer Rassen können den mexikanischen Knirps durch ihre Masse beim Toben leicht verletzen. In einer Welpenstunde wird der kleine Vierbeiner auch mit unterschiedlichen Geräuschen und Gegenständen wie zum Beispiel einem aufgespannten Regenschirm oder flatternden Folien vertraut gemacht. Merken Sie (Hilfestellung bietet Ihnen der Fragenkatalog, siehe Kasten), dass Sie mit

So finden Sie die passende Hundeschule

Das Geschäft mit Hundeschulen und Tiertrainern boomt: Vielerorts werden Übungsplätze eröffnet. Bei der Fülle von Angeboten ist es dennoch oft schwierig, eine für sich und seinen Vierbeiner passende Hundeschule zu finden. In der Regel wissen Tierärzte, örtliche Tierheime oder andere Hundehalter, welche Möglichkeiten es in Ihrer Region gibt. Auch überregionale Verbände und Organisationen sind kompetente Ansprechpartner. Manche Hundeschulen bieten sogar Kurse speziell für Zwerghunderassen an. Haben Sie eine konkrete Hundeschule im Auge, prüfen Sie das Angebot mit dem folgenden Fragenkatalog genau:

ⓘ Ist der Trainer schon am Telefon bereit, ausführlich Fragen zu beantworten und fragt er Sie auch viel über Sie und Ihren Hund?

ⓘ Nimmt der Trainer eine Zwerghunderasse wie den Chihuahua als richtigen Hund ernst und zeigt er andererseits Einfühlungsvermögen bei der Zusammenstellung einer eventuellen Spielgruppe hinsichtlich der Größenverhältnisse der teilnehmenden Hunde?

ⓘ Gibt es ein (eingezäuntes!) Trainingsgelände, auf dem die Hunde auch gefahrlos frei laufen können?

ⓘ Nach welcher Methode wird trainiert?

ⓘ Kann der Trainer eine fundierte Ausbildung nachweisen?

ⓘ Wie groß sind die Trainingsgruppen?

Zu große Gruppen lassen kaum noch Spielraum für die genaue Beobachtung und Beratung eines jeden Einzelnen.

ⓘ Gibt es auch Einzelstunden für individuelle Probleme?

ⓘ Stehen die Kosten in einem vernünftigen Verhältnis zum Angebot?

ⓘ Sind ein anfängliches Zusehen sowie ein Probetraining möglich?

ⓘ Stimmt die Chemie zwischen Ihrem Chihuahua und dem Trainer sowie zwischen Ihnen und dem Trainer?

ⓘ Freut sich Ihr Vierbeiner, wenn es auf den Hundeplatz geht und hat er Spaß am Training?

ⓘ Macht Ihr Hund langfristig gesehen Fortschritte?

Welpenspielplatz zu Hause

Mit einfachen und ganz alltäglichen Dingen können Sie Ihrem Welpen zu Hause einen Abenteuerspielplatz kreieren. Machen Sie Ihr Hundekind langsam mit den diversen Stationen vertraut, zeigen Sie ihm alles ganz behutsam. Loben Sie Ihren Welpen ausgiebig, wenn er mutig die neue Umgebung erkundet. Haben Sie Geduld mit Angsthasen und bestätigen Sie diese für jeden kleinen Schritt mit Leckerli und freundlicher, beruhigender Stimme.

Auf neugierigem Erkundungsgang im neuen Zuhause.

ⓘ Stellen Sie einen offenen Karton auf, den Ihr Vierbeiner nach Herzenslust erkunden und anschließend auch zerlegen darf.

ⓘ Legen Sie eine Malerfolie auf dem Boden aus: Dies ist ein unbekannter, raschelnder und glatter Untergrund, den es zu betreten gilt; streuen Sie für Zaghafte Leckerli auf der Folie aus.

ⓘ Hängen Sie alte, bunte Stofffetzen an eine Wäscheleine: Hier lernt der Kleine, sich nicht von flatternden Dingen aus der Ruhe bringen zu lassen; eine Stufe schwieriger wird's mit Folienresten, denn diese rascheln auch noch.

ⓘ Stellen Sie eine Hundetransportbox mit geöffneter Tür auf und verteilen Sie in der Box Leckerli: So wird der Welpe schon spielerisch mit der Box vertraut gemacht, verknüpft sie mit etwas Positivem (Futter)

Eine willkommene Abwechslung! Spiele im eigenen Garten machen Ihrem Hund nicht nur Spaß, sondern schärfen seine Sinne und fördern die Etwicklung.

und empfindet später die Reise darin als etwas ganz Normales.

ⓘ Selbst ein Zelt ist ein interessantes Erkundungsobjekt, das sowohl durch die Überdachung, als auch durch den Zeltboden neu und aufregend ist.

ⓘ Stellen Sie einen aufgespannten Sonnenschirm auf den Boden, legen Sie als Lockmittel Leckerli darunter aus.

ⓘ Legen Sie einen Eimer auf den Boden, den Ihr Hundekind ausgiebig erkunden darf.

ⓘ Lassen Sie zunächst in großer (!) Entfernung vom Welpen eine aufgeblasene Butterbrottüte platzen, sodass er den Knall erst nur sehr gedämpft hört; zusätzlich kann er währenddessen von einer zweiten Person abgelenkt werden. Wenn sich der Hund entspannt hat, ausgiebig loben und belohnen. Erhöhen Sie ganz langsam die Intensität des Geräusches; auf diese Weise lernt ein Welpe Silvesterknallerei und Donnergrollen zu trotzen. Selbstverständlich funktioniert diese Übung auch wieder über eine aufgenommene Kassette oder CD; beginnen Sie jedoch wie immer erst leise und steigern Sie die Lautstärke nur langsam.

Auch ausgelassene Spielrunden sollten auf einem (eingezäunten!) Hundeplatz erlaubt sein – damit sich die Welpen auch ohne Leine gefahrlos austoben können.

dem Trainer oder der angebotenen Methode nicht zurechtkommen, wechseln Sie die Hundeschule. Handeln Sie immer im Interesse Ihres Vierbeiners. Nur ein Hund, der Spaß an der Sache hat, lernt gerne und leicht. Auch Sie können in einer kompetenten und sympathischen Hundeschule nette Freundschaften und Kontakte mit Gleichgesinnten knüpfen und einen wichtigen Erfahrungsaustausch pflegen.

Um eine gute Verträglichkeit mit Artgenossen zu fördern, empfiehlt sich außerdem regelmäßiger Hundebesuch bei Ihnen daheim; dies wirkt sogar „Einzelkindallüren" entgegen, da Ihr Chihuahua dann nicht mehr als vierbeiniger Alleinherrscher im Mittelpunkt steht.

In einer kompetenten Hundeschule oder im Hundeverein können sich nette Freundschaften bilden – unter Hunden wie unter den Menschen.

Erste Erziehungsschritte

Häufig lassen sich gerade Ersthalter vom süßen Blick und putzigen Verhalten ihres neuen Familienmitglieds einwickeln; auch die geringe Größe und die zarte Statur des Chihuahuas führen oft zu einem Aufschub der Erziehung auf unbestimmte Zeit. Machen Sie diesen Fehler nicht. Am aufnahmefähigsten ist ein Welpe bis zur 18. Lebenswoche, nützen Sie also diese Zeit und fangen Sie sofort mit einer spielerischen Erziehung an. Ganz entscheidend für die Lernbereitschaft und damit auch die Lernfähigkeit ist das Lernklima. Stress und Angst sind Gift für ein erfolgreiches Lernen; sicherlich können Sie das aus eigener Erfahrung gut nachvollziehen. Verschaffen Sie Ihrem Hund daher eine ruhige, angenehme und entspannte Atmosphäre, in der er, verstärkt durch die richtige Motivation, Spaß am Lernen hat.

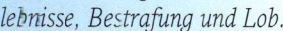

Wie lernt ein Welpe?

ⓘ Welpen sind ganz genaue Beobachter und lernen somit rasch, wovor Sie Angst haben, wen Sie mögen und wen nicht; auch die familieninterne Rangordnung durchschauen sie schnell.

ⓘ Welpen sind Praktiker; vieles lernen sie durch Erfahrung, wie schlechte oder gute Erlebnisse, Bestrafung und Lob.

ⓘ Das genaue Lernverhalten eines Welpen ist abhängig von seinem individuellen Charakter, seiner Intelligenz und seinen speziellen, angeborenen Neigungen.

Stubenreinheit

Wie ein Menschenbaby braucht auch ein Welpe zunächst ein gewisses Bewusstsein dafür, wo er sich lösen darf und wo nicht. Bei der Erziehung zur Stubenreinheit ist viel Behutsamkeit angebracht. Überfordern Sie Ihren kleinen Chihuahua nicht. Tragen Sie ihn nach jeder Mahlzeit und gleich nach dem Aufwachen zum Lösen ins Freie. Beobachten Sie Ihr Hundekind ganz genau: Auch, wenn er beispielsweise breitbeinig am Boden schnüffelt, ist schnelles Handeln angebracht, denn postwendend kann ein Pfützchen folgen. Verrichtet der Kleine draußen sein Geschäft, loben Sie ihn unbedingt überschwänglich.

Als anfängliches Welpenlager nachts empfiehlt sich ein hoher Pappkarton oder eine

Wenn Ihr Welpe aufwacht, bringen Sie ihn am besten sofort ins Freie, damit er sich dort lösen kann. Auch nach dem Fressen muss er gleich nach draußen.

Plötzlich wieder unsauber? Häufig steckt ein psychisches Problem dahinter – am besten sprechen Sie mit Ihrem Tierarzt oder Tierheilpraktiker darüber.

Transportbox in Ihrem Schlafzimmer, aus der Ihr Vierbeiner nicht selbstständig herauskommt; da er sein eigenes Lager nicht beschmutzen möchte, wird er unruhig und fängt an zu winseln, wenn er muss; bringen Sie ihn dann schnell hinaus. Entdecken Sie ein Pfützchen im Haus, entfernen Sie es stillschweigend und gründlich, damit Ihr Welpe nicht wieder, von seinem eigenen Geruch angezogen, an derselben Stelle uriniert. Ertappen Sie ihn gerade beim Lösen, heben Sie ihn mit

einem bestimmten „Nein" hoch und tragen Sie ihn ins Freie.

Fährt er dort mit seinem Geschäft fort, loben Sie ihn wieder ausgiebig. Stupsen Sie nie die Hundenase in die Hinterlassenschaften des Welpen, denn dies hat keinerlei Lerneffekt, ist Tierquälerei und somit als Strafe völlig ungeeignet; es führt nur zu einem Vertrauensbruch zwischen Ihnen und Ihrem Chihuahua.

Bringen Sie Ihr Hundekind anfangs vorsichtshalber alle ein bis zwei Stunden nach draußen. Je aufmerksamer Sie Ihren Welpen beobachten und je schneller Sie dann reagieren, umso rascher wird Ihr Chihuahua stubenrein.

Manche Chihuahua-Halter gewöhnen ihren Knirps im Haus auch an eine Katzentoilette.

Leinenführigkeit

Ein ordentliches Gehen an der Leine können Sie Ihrem Welpen mit ein paar Tricks schnell beibringen. Bleiben Sie dabei dauerhaft konsequent, gewöhnt sich Ihr Chihuahua auch später kein übermäßiges Ziehen an. Machen Sie Ihr Hundekind zunächst einmal spielerisch mit seiner Leine vertraut; lassen Sie den Welpen ausgiebig daran schnuppern und zei-

Plötzliche Unsauberkeit

Unsauberkeit im Erwachsenenalter kann viele Gesichter haben. Um eine organische Ursache abzuklären, suchen Sie zunächst einen Tierarzt auf. Kann dies zweifelsfrei ausgeschlossen werden, begeben Sie sich in Ihrem Umfeld bzw. in der Seele Ihres Hundes auf Spurensuche. Fühlt sich Ihr Hund einsam oder vernachlässigt, verkraftet er einen eventuellen Umzug nicht, ist er eifersüchtig oder wird er gar von Artgenossen aus der Umgebung gemobbt?

Oftmals steckt ein psychisches Problem des möglicherweise unverstandenen Vierbeiners

dahinter. Auf keinen Fall dürfen Sie ihn für seine plötzliche Unsauberkeit bestrafen. An erster Stelle muss stets die Ursachenforschung stehen. Daraufhin folgt eine Verhaltensänderung seitens des Besitzers und schließlich auch des Hundes. Unterstützend hat sich der Einsatz von Bachblüten bewährt. Um jedoch differenziert auf das jeweilige Problem des Vierbeiners eingehen zu können, empfiehlt sich anstelle einer willkürlichen Eigenmedikation ein ausführliches Gespräch mit einem veterinärmedizinisch erfahrenen Bachblütentherapeuten.

gen Sie ihm, dass hiervon absolut keine Gefahr für ihn ausgeht.

Dann leinen Sie Ihren Vierbeiner an und locken ihn mit einem Leckerli oder seinem Lieblingsspielzeug, sodass er ein paar Schritte an der Leine geht. Loben und belohnen Sie ihn ausgiebig, wenn er die Leine vergisst und Ihnen folgt. Geben Sie nicht nach, wenn er sich stur stellt, sich hinsetzt oder fallen lässt. Setzen Sie sich unbedingt spielerisch durch, denn einige Vierbeiner testen bei dieser Übung bereits, wie weit sie mit ihrem Sturköpfchen gehen können. Versuchen Sie Ihren Welpen in einem solchen Fall abzulenken, machen Sie sich interessant und locken Sie ihn zu sich. Eine weitere Möglichkeit besteht darin, die Leine fallenzulassen, weiterzugehen und den Namen des Welpen zu rufen. Da der Kleine nicht alleingelassen werden möchte,

Will Ihr Chihuahua nicht weitergehen, motivieren Sie ihn mit aufmunternden Worten oder einer Spielaufforderung, ziehen Sie ihn nicht an der Leine weiter.

Machen Sie Ihren Welpen in aller Ruhe mit seiner Leine vertraut.

wird er Ihnen automatisch folgen. Nun loben Sie ihn überschwänglich und geben Sie ihm ein Leckerchen oder sein Lieblingsspielzug. Diese Übung sollten Sie natürlich nicht an einer Straße durchführen. Die richtige Motivation spielt für den jungen Hund stets eine entscheidende Rolle. Jeder Schritt in die richtige Richtung wird ausgiebig gelobt.

Akzeptiert Ihr Chihuahua die Leine, geht es daran, ihn gar nicht erst zum Ziehen zu verleiten. Sobald sich die Hundeleine spannt, rufen Sie Ihren Hund zu sich und klopfen Sie

sich dabei gleichzeitig aufmunternd ans Bein; machen Sie Ihren Hund auf Sie aufmerksam, indem Sie ein Leckerli oder das Lieblingsspielzeug Ihres Vierbeiners in der Hand halten. Reden Sie immer wieder mit Ihrem Chihuahua und motivieren Sie ihn mit Spaß, an lockerer Leine bei Ihnen zu bleiben. Loben Sie ausgiebig, wenn Ihr kleiner Schüler zu Ihnen kommt und auch bei Ihnen bleibt. Die täglichen Spaziergänge werden für Sie beide interessanter, wenn Sie öfters neue Wege gehen.

Erfolgreiche Verzögerungstaktik

Eine weitere Möglichkeit, eine gute Leinenführigkeit zu erreichen, ist, stehen zu bleiben, sobald sich die Leine spannt. Reden Sie nicht mit Ihrem Hund und ziehen Sie auch selbst nicht an der Leine, sondern warten Sie einfach ab. Geht der Spaziergang nicht weiter, wird sich Ihr wedelnder Begleiter schnell umdrehen, um zu sehen, warum es eine Verzögerung gibt. Lockert sich in diesem Moment die Leine, loben Sie Ihren Vierbeiner sofort ausgiebig und setzen Sie Ihren Gang in die genau entgegengesetzte Richtung fort. Diese Übung erfordert viel Ruhe und Geduld; anfangs sind etliche Wiederholungen nötig, doch schließlich hat Ihr

Muss Ihr Chi einmal alleine bleiben, verkürzen Sie ihm das Warten mit einem Futterball.

Braves An-der-Leine-laufen ist wichtig, Ihr Hund soll das Ziehen erst gar nicht ausprobieren können.

Übertriebene Leinenführigkeit

Manche Hundeführer lassen ihre Vierbeiner an der Leine nur streng Bei-Fuß gehen; als Dauerzustand ist dies sicherlich übertrieben.

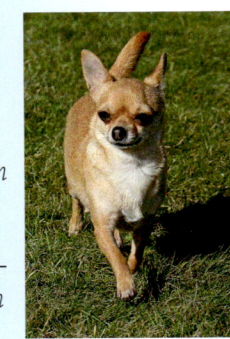

Der Hund hat durch das ständige Bei-Fuß-Gehen keine Möglichkeit mehr, unterwegs stehen zu bleiben und zu schnüffeln. Da das Lesen und Setzen von Duftmarken für den Vierbeiner zu einem intakten Sozialverhalten und der internen Kommunikation mit Artgenossen gehört, macht ihm solch ein strenger Spaziergang schlicht und einfach keinen Spaß. Ein kleiner Zug nach vorne ist hin und wieder erlaubt und noch nicht als mangelnde Leinenführigkeit anzusehen. Gönnen Sie Ihrem bellenden Kamerad möglichst oft leinenfreie Phasen, in denen er sich nach Herzenslust so richtig austoben darf.

Chihuahua verstanden, dass auf ein Ziehen an der Leine ein sofortiger Stillstand und anschließender Richtungswechsel erfolgt, kein Leinenzug jedoch viel Lob und Spaß bringt.

Ein Leinenruck oder -zug Ihrerseits ist nicht empfehlenswert, um übermäßiges Ziehen an der Leine einzudämmen. Zum einen kann dies die zarte, empfindliche Halswirbelsäule und den Kehlkopf Ihres Chihuahuas massiv verletzen, zum anderen zeigen Sie dem Hund genau das Verhalten, welches Sie ihm eigentlich abgewöhnen wollen. Ziehen Sie auch dann nicht an der Leine, wenn Ihr Vierbeiner längere Zeit schnüffelt und nicht weitergehen will. Motivieren Sie ihn lieber mit aufmunternden Worten oder einer Spielaufforderung zum Weitergehen. Das Weitergehen können Sie sogar üben, indem Sie immer das gleiche Kommando wie beispielsweise „Weiter", sowie eine auffordernde Handbewegung verwenden. Dies lernt Ihr Hund am schnellsten unangeleint auf einer Wiese. Weil sich Hunde sehr an Ihrer Körpersprache orientieren, ist es wichtig, dass Sie nach der gesprochenen Aufforderung „Weiter" auch wirklich weitergehen und nicht stehen bleiben. Läuft Ihnen Ihr Chihuahua nach, loben Sie sofort wieder kräftig und geben Sie ihm ein Leckerli oder spielen Sie zur Belohnung mit ihm.

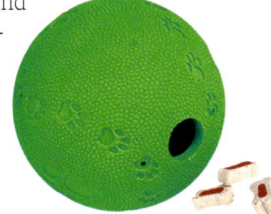

Machen Sie kein Aufheben um Ihren Aufbruch und Ihre Rückkehr, ansonsten erziehen Sie Ihren Vierbeiner zu späterer Trennungsangst.

Alleinbleiben

Gesittetes Alleinbleiben will gelernt sein und zwar von klein auf, schließlich kann man einen Hund nicht immer und überall hin mitnehmen. Lassen Sie Ihren Chihuahua anfangs nur kurz allein und zwar erst, wenn er sich in seiner Umgebung ganz sicher und geborgen fühlt. Entfernen Sie sich aus dem Zimmer, wenn er schläft oder mit einem Kauröllchen beschäftigt ist. Liegt Ihr Welpe bei Ihrer Rückkehr noch brav auf seinem Platz, loben Sie ihn. Vergrößern Sie langsam die Zeitspanne und gehen Sie schließlich ganz aus dem Haus. Machen Sie kein Drama aus Ihrem Weggehen und verabschieden Sie sich nicht groß. Je mehr Aufhebens Sie um Ihren Aufbruch und Ihre Rückkehr machen, umso eher erziehen Sie Ihren Vierbeiner zu späterer Trennungsangst. Loben Sie jedoch, wenn er brav auf Sie gewartet hat und spendieren Sie ruhig auch mal ein Leckerli.

Trotz aller Übung gibt es immer wieder Härtefälle, die sich sehr schwer mit dem gesit-

Auch in der Wohnung können Sie Ihren Chihuahua zunächst an die Leine gewöhnen.

teten Alleinbleiben tun. Versüßen Sie so einem „Sorgenkind" die Zeit des Wartens mit einfachen Spielsachen.

Langeweile muss nicht sein

Damit Ihr Hund Ihre Gardinen, Möbel oder andere Einrichtungsgegenstände verschont, geben Sie ihm Pappschachteln oder leere Allzweckrollen, um seinen Frust abzureagieren. Auch kleinere, stabile Kartons mit Deckel garantieren eine abwechslungsreiche Beschäftigung. Verstecken Sie darin in Zeitung gewickelte Leckerlis. Während Supernasen die Knabbereien sofort erschnuppern und eifrig „auspacken", können Sie für weniger Geübte einige „Duftlöcher" in den Deckel stechen.

Versteckt Ihr Hund gerne Leckereien, hat es sich bewährt, ihm Plätze in der Wohnung dafür einzurichten, an denen er nach Herzenslust „graben" darf. Hierfür verteilen Sie beispielsweise ausgediente Handtücher oder Decken an verschiedenen Stellen eines Raumes. Dies schützt Sie auch davor, einen feucht-klebrigen Kauknochen oder Ähnliches abends in Ihrem Bett zu finden.

Kurzweiliger wird das Warten ebenfalls mit einem Futterball aus dem Zoofachhandel, der nur ab und zu, bei bestimmten Bewegungen,

Üben Sie das Alleinebleiben schon mit dem Welpen, natürlich immer nur ganz kurz und in winzig kleinen Schritten.

über verschieden große Öffnungen Leckerlis freigibt; hier muss der Hund Geduld und Geschicklichkeit beweisen, wodurch er von anderem Schabernack abgelenkt wird. Läuft während Ihrer Abwesenheit das Radio, fühlt sich Ihr Chihuahua nicht so einsam. Da geteiltes Leid bekanntlich halbes Leid ist, kann auch die Anschaffung eines Zweithundes oder die vorübergehende Vergesellschaftung mit einem befreundeten „Leihhund" aus der Nachbarschaft helfen. Letzteres hat schon so manchen Quälgeist zur Vernunft gebracht, sodass er inzwischen sogar alleine und ohne außerplanmäßige Dummheiten zu machen, auf Herrchens Heimkehr wartet. Hat Ihr Vierbeiner während

Ihrer Abwesenheit etwas angestellt, schimpfen Sie ihn nicht; dafür müssten Sie ihn wirklich auf frischer Tat ertappen, ansonsten bringt er die Bestrafung nur mit Ihrer Rückkehr, nicht aber mit seinem Vergehen in Zusammenhang. Ignorieren Sie Ihren Hund lieber, bis alle Spuren beseitigt sind.

Abgewöhnen von Jugendsünden

Etwa ab dem achten Lebensmonat beginnt die Flegelphase eines Junghundes. In diese Zeit fällt auch die Geschlechtsreife des Vierbeiners. Nun testet Ihr Chihuahua vermehrt aus, wie weit er gehen kann, und ob er Ihnen wirklich gehorchen muss oder nicht. Außerdem stellt der Jungspund allerhand Unfug an; manche Hunde sind hierbei sehr erfinderisch. Kein Wunder, schließlich suchen sie mit ihrem aufmüpfigen Verhalten ihre genaue Rangposition innerhalb des Familienrudels. Spätestens jetzt sind konsequente Grenzen enorm wichtig, ansonsten wächst Ihnen Ihr Chihuahua trotz seiner Kleinheit schnell über den Kopf.

Achten Sie auf feste, klare Regeln und einen strukturierten Tagesablauf. Nur so merkt Ihr Vierbeiner, wer in der Familie das Sagen hat; er orientiert sich daran und passt sich an.

Weitere Tipps

Das Alleinbleiben fällt Hunden leichter, die müde sind. Gehen Sie daher vorher mit Ihrem Vierbeiner spazieren oder spielen Sie mit ihm. Auch satte Hunde sind schläfrig. Es empfiehlt sich also außerdem, Ihren Chihuahua vor Ihrem Weggang zu füttern. Lassen Sie ihn anschließend aber noch einmal nach draußen, damit er sich lösen kann. Viele Hunde tröstet schon ein vertrautes Kleidungsstück wie ein ausrangierter Socken oder eine alte Jacke von Ihnen im Körbchen.

Manche Hunde sind sehr erfinderisch, wenn es darum geht, Unfug anzustellen.

Stellen Sie Ihrem Chihuahua vor allem in der Flegelphase genügend Knabberspielsachen zur Verfügung, denn viele Jungspunde kauen schlichtweg aus Langeweile heraus.

Knabber- und Beißspiele

Absolut unerwünscht ist das Beknabbern und Zerbeißen von Schuhen oder Ähnlichem. Der bellende Teenager zwickt auch gerne in Hände, Füße und (Hosen-)Beine. Zwar ist das Knabbern nicht generell schlecht, immerhin nimmt der Junghund damit seine Umgebung ganz genau unter die Lupe; neue Dinge lernt er also auf diese Weise erst einmal kennen. Trotzdem müssen Sie dieses Verhalten zu Hause in die richtigen Bahnen lenken. Am besten bekommt Ihr Chihuahua gar keine Gelegenheit, an Ihre Schuhe oder Socken zu gelangen. Hat er doch einmal etwas Unerlaubtes zwischen den Zähnen, nehmen Sie es ihm mit einem energischen „Nein" weg. Nach einer kurzen Pause lenken Sie ihn mit einem kleinen Spiel ab, und geben ihm anschließend ein erlaubtes Kauspielzeug. In dieser Phase ist es besonders wichtig, dem Vierbeiner genügend „legale" Knabberspielsachen aus Hartgummi, Hartholz oder Büffelhaut zur Verfügung zu stellen, denn häufig kaut der Welpe schon aus Langeweile. Ebenfalls unerlässlich ist natürlich eine angemessene Auslastung durch Spaziergänge und Spiele. Vergreift sich Ihr Chihuahua

Während Ihrer Mahlzeit muss Ihr Vierbeiner auf seinem Platz liegen, denn bekommt er einen Leckerbissen vom Tisch, erziehen Sie Ihren Chi regelrecht zum Betteln.

im Spiel zu fest an Ihrer Hand, reagieren Sie erneut mit einem „Nein" und beenden Sie das Spiel sofort. Bald stellt der Kleine sein Zwicken ein, denn der stets folgende Spielentzug macht das Beißen unattraktiv.

Betteln

Geben Sie Ihrem Hund einen Leckerbissen vom Tisch, erziehen Sie ihn regelrecht zum Betteln. Selbst wenn Sie dieses Verhalten nicht stört, fallen Ihr Junghund und damit auch Ihre Erziehung bei Besuchern oder in einer eventuellen Pflegestelle doch sehr negativ auf. Damit es erst gar nicht so weit kommt, richten Sie Ihrem Vierbeiner von Anfang an einen eigenen, festen Futterplatz ein; nur hier wird er gefüttert. Geben Sie Ihrem Chihuahua grundsätzlich nichts zu fressen, während Sie auch noch essen. Während Ihrer Mahlzeit muss Ihr Vierbeiner auf seinem Platz liegen. Wollen Sie ihm dennoch ein kleines Stückchen Wurst oder Käse von Ihrer Brotzeit abgeben, füttern Sie

es Ihrem Hund trotzdem erst, wenn Sie mit Essen fertig sind.

Futterklau

Obwohl man es einem Chihuahua aufgrund seiner geringen Größe kaum zutraut, gibt es doch Vertreter, die gerne über einen Stuhl, einen Sessel oder die Couch Essbares vom Tisch klauen. Dies ist dem Vierbeiner nur schwer abzugewöhnen, denn es handelt sich dabei um ein selbst belohnendes Verhalten: Der Hund wird mit dem geklauten Futter umgehend für seine Tat belohnt. Diese Verstärkung bringt Ihren Hund also dazu, die unerlaubte Handlung immer wieder durchzuführen. Am besten lassen Sie nichts Essbares in Reichweite Ihres Chihuahuas liegen.

Schimpfen Sie Ihren Hund nur, wenn Sie ihn auf frischer Tat ertappen, ansonsten hat er seinen Diebstahl vergessen und bringt die Strafe mit Ihrer Rückkehr in Verbindung. Einen Futterklau können Sie auch provozieren und gleich mit einem schlechten Erlebnis für den Vierbeiner kombinieren: Träufeln Sie beispielsweise etwas Zitronensaft über Ihr verlockendes Essen und lassen Sie Ihren Vierbeiner damit alleine; möchte er nun den vermeintlichen Leckerbissen klauen, wird er sein saures Wunder erleben und Ihr Essen in Zukunft meiden.

Von einem „Podest" aus kann auch ein Winzling wie der Chihuahua Essen vom Tisch klauen.

Vorsicht mit hohen Sprüngen
Obwohl der Chihuahua über ein enormes Sprungtalent verfügt, können hohe Sprünge der zarten Wirbelsäule und den Gelenken des Zwerghundes sehr schaden. Schon aus diesem Grund sollten Sie ihm abgewöhnen, selbstständig auf die Couch, einen Sessel oder gar Ihr Bett und wieder herunterzuspringen. Auch Treppensteigen ist selbst für einen ausgewachsenen Chihuahua nicht optimal.

Springen auf Möbel

Hunde springen gerne auf das Bett, die Couch oder einen Sessel, denn sie lieben erhöhte Sitz- und Liegeplätze. Nicht nur der gemütliche Liegekomfort, sondern auch die tolle Rundumsicht, mit der Hund stets alles im Blick hat, spielt hier eine Rolle. Im Prinzip spricht nichts dagegen, wenn er auf Kommando hinauf- und besonders auch wieder hinabhüpft. Tut er das nicht, oder nur unter Protest, lassen Sie ihn gar nicht mehr auf das Sofa. Setzen Sie erziehungstechnisch bereits bei Ihrem Welpen an, denn ein junger Chihuahua ist auf Grund seiner Kleinheit noch nicht in der Lage, selbstständig auf ein Sofa zu springen, trotzdem wird er es jedoch versuchen. Ein energisches „Nein" und eine ruhige Sperrung mit der Hand sind hier angebracht. Zeigt der

Welpe das gewünschte Verhalten, loben Sie ihn und geben ein Leckerchen oder sein Lieblingsspielzeug. Alternativ dazu empfiehlt es sich, dem Welpen sein Körbchen direkt neben das Sofa zu stellen und ihm seinen Platz so gemütlich und attraktiv wie möglich zu machen

Hunde lieben erhöhte Aussichtsplätze. Aber aufs Sofa sollte der Chi nur mit Ihrer Erlaubnis dürfen und vor allem ohne Murren wieder herunterspringen.

Übermäßiges Bellen

Dauerkläffen kann verschiedene Ursachen haben. Viele Hunde bellen, um mehr Aufmerksamkeit zu bekommen. Ihre wütende Reaktion reicht ihnen meist schon als Bestätigung und Motivation, weiterzumachen. Andere Vierbeiner bellen aus Unsicherheit oder Angst: Etliche sensible Vertreter werden gerade während Ihrer Abwesenheit aus Verlassensangst laut (siehe Kapitel „Alleinbleiben"). Manchen Kläffern wurde das Bellen auch unbewusst anerzogen: Gerade bei Junghunden wird das Anschlagen häufig in bestimmten Situationen durch eine Belohnung gefördert. Chihuahuas sind in der Regel sehr wachsam, was vor allem in Verbindung mit Langeweile zu einem lästigen Dauerbellen führen kann. Oft steigern sich Hunde immer weiter in ihr Kläffen hinein. Um übermäßiges Bellen abzustellen, ist in erster Linie eine intensive, auslastende Beschäftigung wichtig. Fordern Sie Ihren Chihuahua mit einer alternativen Aufgabe. Loben und Belohnen Sie Ihren Hund in Bellpausen ausgiebig. Lassen Sie Ihren redseligen Vierbeiner während seiner „Arie" ins „Platz" gehen: Im Liegen fühlen sich Hunde unsicherer und möchten nicht noch zusätzlich auf sich aufmerksam machen. Auch ein Kauknochen kann hilfreich sein.

Bellt Ihr Chihuahua im Garten oder auf dem Balkon, wirkt eine Wasserpistole mit größerer Reichweite Wunder: Der Hund wird überraschend getroffen und verbindet die Strafe nicht mit Ihrer Hand.

Grundkommandos

„Sitz"

Reagiert Ihr Chihuahua zuverlässig auf seinen Namen, beginnen Sie mit der „Sitz"-Übung. Nehmen Sie hierfür ein Leckerli in die Hand, zeigen Sie es Ihrem Hund, damit er aufmerksam wird, aber geben Sie es ihm noch nicht. Führen Sie nun den Futterbrocken langsam an der Nasenspitze des Vierbeiners vorbei nach oben und dann nach hinten, in Richtung Hundestirn. Weil Ihr haariger Schüler dem verlockenden Leckerbissen folgen möchte, muss er sich am Ende Ihrer Handbewegung

Sobald Ihr Chihuahua zuverlässig auf seinen Namen reagiert, können Sie mit der recht einfachen „Sitz"-Übung beginnen.

Damit übermäßiges Bellen aus Langeweile unterbleibt, ist ein vielseitiges Beschäftigungsprogramm wichtig.

Das Kommando „Platz" erlernt der Hund am besten aus der Sitzstellung.

zwangsläufig hinsetzen. Belohnen Sie ihn jetzt sofort mit der Leckerei, sagen Sie dabei das Kommando „Sitz" und loben Sie ihn ausgiebig. Wiederholen Sie diese Übung mehrmals täglich. Setzt sich Ihr Vierbeiner nicht hin, drücken Sie zusätzlich sanft sein Hinterteil nach unten. Loben und belohnen Sie sofort, wenn er sitzt und geben Sie auch den Befehl „Sitz". Klappt die Lektion schließlich auf Kommando, verwenden Sie zusätzlich zur Sprache ein Sichtzeichen (z.B. erhobener Zeigefinger). Später genügt das visuelle Signal, damit Ihr Chihuahua absitzt. Das Erlernen von Sichtzeichen kann Ihnen und Ihrem Hund vor allem auf die Entfernung hin sehr nützlich sein. In der Regel lernen Hunde das „Sitz" sehr schnell.

„Platz"
Da das Hinlegen auf Befehl vom Hund als Unterordnung empfunden wird, ist das Einüben des „Platz"-Befehls häufig schwieriger als das Erlernen des Kommandos „Sitz". Nicht jeder Vierbeiner möchte sich so einfach ergeben, daher kann es hierbei vor allem mit sehr selbstbewussten Hunden Probleme geben.
Lassen Sie Ihren Chihuahua zunächst vor Ihnen absitzen und anschließend an Ihrer Hand schnuppern, in der ein Leckerli versteckt ist. Gehen Sie dann mit Ihrer verlockend duftenden Hand von der Hundenase abwärts

zwischen den Vorderbeinen des Hundes bis auf den Boden; dort angekommen ziehen Sie das Leckerli langsam zu sich her. Da Ihr haariger Schüler dem Futterbrocken mit der Nase folgen möchte, wird er sich aus Bequemlichkeit am Ende von selbst hinlegen, um besser an Ihre Hand zu gelangen. Sagen Sie genau in diesem Moment „Platz", loben Sie den Hund ausgiebig und belohnen Sie ihn mit dem Leckerli. Steht Ihr Vierbeiner bei dieser Übung lieber auf, anstatt sich hinzulegen, helfen Sie mit sanftem Druck auf seine Schultern etwas nach. Bei Erfolg Lob und Belohnung sowie das gesprochene Kommando nicht vergessen. Klappt das „Platz", führen Sie ein zusätzliches Sichtzeichen ein. Winkeln Sie dafür beispielsweise Ihren Unterarm an und strecken Sie ihn dann langsam nach unten aus; Ihre Handfläche bleibt ebenfalls dabei gestreckt.

„Bleib"

Das Kommando „Bleib" wird in der Hundeerziehung meist unterschätzt. In vielen Situationen kann es von großer Bedeutung sein, den Vierbeiner in einer bestimmten Position verharren zu lassen. So hat sich das „Bleib" beispielsweise bei der Körperpflege, beim Warten an einer Straße oder um den Hund von der Verfolgung einer Katze abzuhalten, bewährt.

Beherrscht Ihr haariger Kamerad das Kommando „Bleib" perfekt, können Sie es ab jetzt in Ihren Alltag einbauen.

Am leichtesten lernt Ihr Chihuahua den Befehl „Bleib" über die Grundkommandos „Sitz" und „Platz". Lassen Sie Ihren Vierbeiner zunächst vor Ihnen absitzen oder abliegen. Kombinieren Sie dabei das „Sitz" oder „Platz" mit dem Wort „Bleib"; verwenden Sie zusätzlich von Anfang an folgendes Sichtzeichen: Ihre Handfläche zeigt am ausgestreckten Arm zu Ihrem Hund. Dies symbolisiert Ihrem Hund ein Stopp bzw. ein Verharren in der momentanen Position. Erstrecken Sie das „Bleib" anfangs nur über eine sehr kurze Zeitspanne und steigern Sie diese erst allmählich. Loben Sie wie immer viel und schimpfen Sie nicht, wenn Ihr vierbeiniger Schüler zunächst nicht in der gewünschten Stellung bleibt. Hier helfen nur Geduld und ein ruhiges „Nein" sowie das anschließende erneute In-Position-Bringen unter

Verwendung der entsprechenden Befehle (z.B. „Sitz und Bleib") und des Sichtzeichens. Vergrößern Sie neben dem Zeitfaktor allmählich auch die Entfernung zum Hund. Steigern Sie den Schwierigkeitsgrad langsam, indem Sie die Übungsorte wechseln, und außerdem Ablenkungen für Ihren Hund schaffen, auf die er natürlich nicht reagieren darf (z.B. durch Geräusche, Gegenstände, andere Menschen, andere Hunde). Schließlich soll Ihr Vierbeiner, selbst wenn Sie außer Sichtweite sind, in der gewünschten Position verharren. Erschweren Sie die Übung immer erst dann, wenn der vorausgegangene Schritt wirklich sitzt. Beherrscht Ihr bellender Freund das Kommando „Bleib" perfekt, können Sie den Befehl ab jetzt in diversen Situationen in Ihren Alltag integrieren. Auch bei Fotoaufnahmen macht Ihr Chihuahua nun als ruhig verharrendes Modell eine gute Figur. Ebenso hilfreich ist das „Bleib" für das Erlernen von Kunststückchen.

Der „Bleib"-Befehl hat sich auch bei vierbeinigen Fotomodellen bewährt.

„Bleib"-Training für Regentage

Den „Bleib"-Befehl können Sie an Regenta-gen auch gut in der Wohnung üben. Entfernen Sie sich zunächst nur innerhalb des Zimmers vom Hund. Solange Sie noch in Sichtweite sind, verwenden Sie unbedingt zum gespro-chenen Kommando das Sichtzeichen. Später verlassen Sie den Raum ganz, wobei Ihr Chihuahua seine Position nicht verändern darf, bis Sie es ihm erlauben. Erfinden Sie aus dieser Übung heraus Indoor-Spiele wie „Verstecken" (Mensch, Gegenstände, Futter etc.). Sparen Sie selbstverständlich auch bei Spielen nie mit Lob. Stecken Sie Ihren eifrigen Vierbeiner mit guter Laune an, nur so macht Lernen Spaß!

„Hier"

Trainieren Sie das Herkommen zunächst in einem abgeschlossenen Terrain, in dem sich für den Hund möglichst wenige Ablenkungen bieten. Stellen Sie sich in kurzer Distanz vor den Hund hin und gehen Sie in die Hocke. Ist Ihr Chihuahua voll auf Sie konzentriert, rufen Sie ihn beim Namen und gleich darauf das Kommando „Hier". Locken Sie Ihren Hund zusätzlich mit einem Leckerli oder seinem Lieblingsspielzeug. Kommt der Vierbeiner auf Sie zu, loben und belohnen Sie ihn ausgiebig. Vergrößern Sie die Distanz nach und nach. Gehen Sie jedoch wie immer erst zur näch-sten Trainingseinheit über, wenn die vorherige sicher sitzt. Loben Sie den Vierbeiner wieder überschwänglich, wenn er bei Ihnen an-kommt.

Klappt das „Hier" zuverlässig in abgeschlos-senem Terrain, beginnen Sie mit ersten Übungen im freien Feld. Dabei erweist sich eine leichte, lange Leine als hilfreich, die Sie neben dem Hund schleifen lassen. Auf das Kommando „Hier" ziehen Sie Ihren Chihua-hua ganz sanft zu sich her. Schnell lernt Ihr

Nützen Sie bei einem Welpen den noch vorhan-denen Folgetrieb aus und beginnen Sie bereits mit einem verlockenden Leckerli die „Hier"-Übung.

haariger Gefährte, Ihren verlängerten Arm zu respektieren und zuverlässig auf Befehl zu kommen, auch, wenn Ablenkungen in der Nähe sind.

Die tägliche Fütterung eignet sich ebenfalls als Lockmittel. Wartet der Hund beispiels-weise hungrig auf sein Futter, bringen Sie ihn in ein anderes Zimmer, in dem er von einer Hilfsperson festgehalten wird. Gehen Sie dann zurück zum Napf und rufen „Hier". Der Vier-beiner wird losgelassen und rennt sofort zu

Nur, wenn Sie richtig interessant sind, wird Ihr Chihuahua auf Ihr Kommando reagieren und freudig herkommen.

Ihnen beziehungsweise seinem heiß ersehnten Fressen. Bei dieser Methode verknüpft Ihr Chihuahua den „Hier"-Befehl immer mit etwas Angenehmem.

Kommt Ihr Hund mehr oder weniger zufällig zu Ihnen, sagen Sie erneut sofort das Kommando „Hier" und loben und belohnen Sie

Der Entzug von Zuwendung ist viel wirkungsvoller als Gewalt. Unerwünschtes Verhalten sollte von Ihnen ignoriert werden, richtiges Verhalten sollte sofort belohnt werden – so versteht Ihr Chi schnell, welches Verhalten gewünscht ist.

ihn überschwänglich. Auch dieses Zufallsprinzip ist Erfolg versprechend.

Lob und Strafe

Das A und O einer erfolgreichen Hundeerziehung ist Lob. Belohnen Sie jeden Schritt in die richtige Richtung eines erwünschten Verhaltens sofort, auch wenn Ihr Hund zufällig handelt. Nur so motivieren Sie Ihren Vierbeiner, aus Spaß an der Freude mit Ihnen weiterzuarbeiten. Richten Sie die Art der Belohnung individuell nach den Vorlieben Ihres Chihuahuas: Manche Hunde freuen sich schon sehr über ein gesprochenes Lob und Streicheleinheiten, andere bevorzugen eher Leckerlis; einige Vertreter sind glücklich, wenn sie ihr Lieblingsspielzeug bekommen, wieder andere empfinden ein lustiges Spiel als tolle Belohnung. Setzen Sie Strafen dagegen nicht in Form von körperlicher Gewalt ein: Eine körperliche Züchtigung kann, abgesehen von einem raschen Vertrauensbruch, sogar als positive Verstärkung wirken, schließlich bekommt der Vierbeiner damit Aufmerksamkeit bzw. Zuwendung, auch wenn diese negativer Art ist. Sie bestärkt ihn wiederum in seinem

Machen Sie sich interessant

Wenn Ihr Hund keine Anstalten macht, auf Befehl zu Ihnen zurückzukommen, sind Sie sicherlich zu uninteressant für ihn. Versuchen Sie mit einer spannenden Stimme, dem Zeigen eines Leckerlis, einer lustigen Spielaufforderung oder einem Sprint in die entgegengesetzte Richtung die Aufmerksamkeit Ihres Chihuahuas zu erreichen; nun wird er auf Ihr Kommando reagieren. Kommt Ihr Hund erst nach längerem Warten zu Ihnen zurück, schimpfen Sie ihn auf keinen

Fall, denn dann verbindet er die Schelte gerade mit seiner Rückkehr. Er hat längst vergessen, dass er nicht auf den „Hier"-Befehl gehört hat.

Fehlverhalten und veranlasst ihn dazu, weiterzumachen. Deutlich wirkungsvoller als Gewalt ist der Entzug von Zuwendung, wenn es die Situation zulässt. Ignorieren Sie unerwünschtes Verhalten also einfach. Bei problematischen Verhaltensauffälligkeiten, wie etwa Beißen von Kindern, sprechen Sie am besten mit einem Verhaltenstherapeuten. Bellt Ihr Hund beispielsweise übermäßig, beachten Sie es nicht; belohnen Sie andererseits aber jede Bellpause. So lernt Ihr vierbeiniger Freund, dass sich Nicht-Bellen mehr auszahlt als Kläffen. Wirkungsvoll ist außerdem, Ihren Vierbeiner mit einem energischen „Nein" und „Geh Körbchen" auf seinen Platz zu schicken und ihn dort zu ignorieren. Bestimmte Angewohnheiten können Sie Ihrem Hund auch abgewöhnen, indem Sie ihm seine Macken einfach verleiden, oder seine Aufmerksamkeit auf etwas Erlaubtes umlenken (siehe Kapitel „Abgewöhner. von Jugendsünden").

Fazit Sparen Sie in der Hundeerziehung nicht mit Lob und Belohnung. Strafen Sie dagegen nur wohldosiert und gut überlegt, denn das Vertrauen eines Vierbeiners ist durch unüberlegtes Handeln schneller zerstört, als es sich später wieder aufbauen lässt.

Pflege

Gewisse Pflegemaßnahmen sind bei Hunden unerlässlich; gewöhnen Sie daher am besten schon Ihren Welpen an die wichtigsten Handgriffe.

Gehen Sie grundsätzlich bei allen Pflegemaßnahmen sanft und behutsam vor; macht das Hundekind hier schlechte Erfahrungen oder dauert es ihm zu lang, wird es Körperpflege zukünftig als unangenehm empfinden und ihr lieber aus dem Weg gehen wollen.

Welche Pflegemaßnahmen sind nötig und wie gewöhnt man den Chihuahua daran?

Pfotenabputzen und Stillhalten beim Bürsten müssen erst einmal gelernt werden. Führen Sie Ihren Welpen auch möglichst frühzeitig an die Augen-, Ohr-, Zahn- und Krallenkontrolle heran. Bleibt Ihr Hundekind bei der Pflege ruhig und gelassen, belohnen und loben Sie es ausgiebig. Wehrt sich dagegen Ihr junger Vierbeiner oder wird er albern, bringen Sie ihn mit einem bestimmten „Nein" zur Ruhe; hält er wieder still, loben und belohnen Sie ihn sofort.

Fellpflege

Wölfe haben ihre ganz eigene Art der Fellpflege: Sie nehmen Sand- und Schlammbäder, die gleichzeitig wie eine Massage wirken und die Talgdrüsen der Haut anregen. Die Haare werden durch Lecken gereinigt, wobei der Speichel dabei Keime abtötet. Unsere Hunde verhalten sich ganz ähnlich, allerdings entspricht diese Art der Fellpflege nicht unserem hygienischen Verständnis, sodass wir hier gerne nachhelfen. An das Bürsten gewöhnt sich der Chihuahua in der Regel schnell, denn bald merkt er, dass Fellpflege auch eine sehr angenehme Massage sein kann, die hervorragend die Durchblutung der Haut anregt. Seien Sie allerdings besonders vorsichtig bei einem langhaarigen Welpen: Ziept das Kämmen, könnten Sie ihm die Fellpflege leicht dauerhaft verleiden.

Bürsten Sie immer mit dem Strich, also in Haarwuchsrichtung von vorne nach hinten und untersuchen Sie Ihren bellenden Freund nebenbei gleich auf einen eventuellen Parasitenbefall oder Hautverletzungen. In der Regel reicht es aus, einen kurzhaarigen Chihuahua einmal wöchentlich mit einer weichen Kin-

Baden Sie Ihren Chihuahua nur im Notfall; lassen Sie ihn nach einem Bad an kalten Tagen wegen der Erkältungsgefahr nicht sofort ins Freie.

Oben: Einen kurzhaarigen Chihuahua einmal wöchentlich mit einem Noppenhandschuh bürsten, reicht aus.

Links: Langhaarige Vertreter benötigen etwas mehr Fellpflege, sie sind aber trotzdem sehr pflegeleicht..

derbürste oder einem Noppenhandschuh zu bürsten. Langhaarige Hunde benötigen etwas mehr Fellpflege, gelten aber trotzdem als pflegeleicht.

Vor allem die feineren Haare an den Ohren, den Läufen und der Rute verfilzen leicht und müssen daher regelmäßig gekämmt werden. Während des Fellwechsels, der bei langhaarigen Chihuahuas aufgrund ihrer üppigeren Unterwolle stärker ausfällt als beim kurzhaarigen Typ, ist natürlich vermehrtes Bürsten

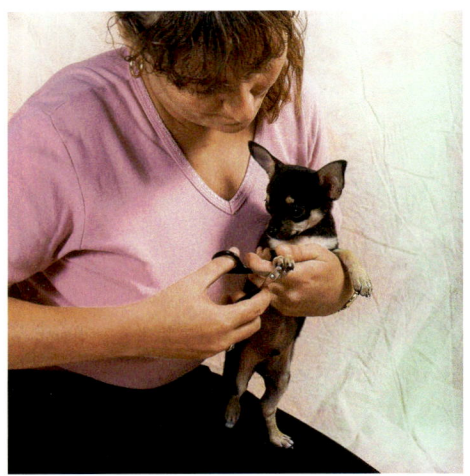

Sie sollten Ihrem Chi die Krallen ab und an schneiden lassen, wenn sich diese nicht auf natürliche Weise abnutzen.

angesagt. Unterstützen Sie den halbjährlichen Haarwechsel von innen mit einer über das Futter gestreuten Kräutermischung aus Löwenzahn, Birkenblättern, Brennnesseln und Ackerschachtelhalm. Spitzwegerich, Kerbel und Petersilie helfen aufgrund ihres hohen Vitamingehalts, das Immunsystem anzuregen. Entsprechende Fertigpräparate gibt es inzwischen im Fachhandel zu kaufen.

Schmutz entfernen Sie am besten, indem Sie ihn ausbürsten oder abrubbeln. Meist reinigt sich das Fell eines Chihuahuas sogar von selbst. Vor allem Welpen sollten Sie nur im Notfall in die Wanne setzen, denn zu häufiges Baden zerstört die Schmutz abweisende und wetterfeste Schutzschicht des Felles. Anschließendes Föhnen ist zu vermeiden, denn das ungewohnte Geräusch, die Lautstärke und das warme Gebläse machen einem Hund leicht Angst. Rubbeln Sie den Vierbeiner nach dem Abspülen lieber gut mit einem Handtuch trocken und lassen Sie ihn an kalten Tagen wegen der Erkältungsgefahr nicht sofort ins

Freie, sondern stellen Sie seinen Korb in die Nähe der wärmenden Heizung.

Pfoten

Wenn sich die Krallen Ihres Chihuahuas nicht auf natürliche Weise abnützen, müssen sie von Zeit zu Zeit geschnitten werden, um ein Abrechen zu verhindern; am besten sitzt Ihr Chihuahua dabei auf Ihrem Schoß. Führen Sie Ihren Welpen ganz langsam und in kleinen Schritten an die Krallenpflege heran: anfangs nehmen Sie immer wieder abwechselnd eine seiner Pfoten auf und halten diese kurz in der Hand; will Ihr Hund seine Pfote wegziehen oder fasst er Ihr Vorgehen als lustiges Spiel auf, korrigieren Sie ihn mit einem energischen „Nein"; verhält er sich ruhig, loben Sie ihn ausgiebig. Verwenden Sie zum Krallenschneiden eine spezielle Zange aus dem Fachhandel; achten Sie darauf, dass Sie keine Blutgefäße verletzen. Am besten lassen Sie sich von Ihrem Tierarzt die richtige Technik zeigen.

Das Pfotenabputzen üben Sie ebenfalls durch das abwechselnde Aufnehmen der Pfoten. Beißt Ihr Junghund während des Abputzens in das Handtuch, reagieren Sie erneut mit einem „Nein"; verhält er sich dagegen brav, bekommt er am Ende wieder eine Belohnung. Kontrollieren Sie im Winter zusätzlich regelmäßig die Ballen, denn durch das viele Streusalz wird die Pfotenunterseite leicht trocken oder rissig; hier helfen Einreibungen mit Hirschtalg, Melkfett oder Vaseline.

Augen, Ohren, Zähne

Führen Sie Ihren Hund besonders behutsam an die Augenpflege heran; streichen Sie Ihrem Welpen schon im Spiel oder während des Streichelns immer wieder kurz über die Augen. Entfernen Sie Sekret oder Verkrustungen in den Augenwinkeln später mit einem weichen, feuchten, sauberen Tuch. Im Zoofachhandel bekommen Sie hierfür spezielle Pflegetücher.

Kontrollieren Sie auch ab und zu die Ohren Ihres Vierbeiners. Achten Sie darauf, dass sich weder Krusten oder Fremdkörper im Ohr befinden noch Haare in den Gehörgang wachsen. Eventuell vorgefundene, unangenehme Parasiten müssen schnell behandelt werden. Halten Sie das Hundeohr sauber, damit es nicht zu schmerzhaften Entzündungen durch Bakterien oder Pilze kommt. Verwenden Sie für die eventuell nötige Säuberung des Gehörgangs jedoch keine Wattestäbchen, sondern nur spezielle Flüssigreiniger vom Tierarzt.

Eine regelmäßige Zahnkontrolle führen Sie am besten von klein auf bei Ihrem Chihuahua durch. Harte Leckereien zwischendurch entfernen schädliche Beläge. Zur dauerhaften Gesunderhaltung von Zähnen und Zahnfleisch empfiehlt sich regelmäßiges Zähneputzen; hierfür gibt es im Zoofachhandel oder bei Ihrem Tierarzt Hundezahnbürsten und -pasten. Aber auch zahnpflegende Kaustripes haben sich bewährt. Allerdings sind diese in Hundekreisen wohl Geschmacksache und nicht bei jedem Vierbeiner beliebt.

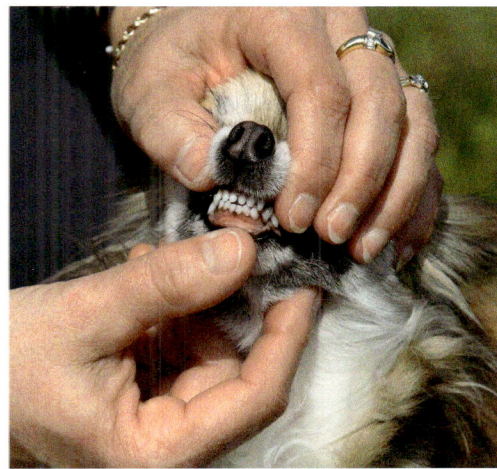

Auch an die regelmäßige Zahnkontrolle muss der Hund von Klein auf gewöhnt werden.

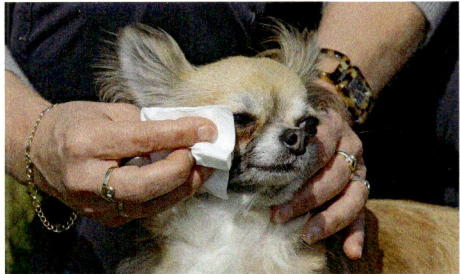

Sekret oder Verkrustungen in den Augenwinkeln entfernen Sie mit einem weichen, feuchten, sauberen Tuch.

Zahnwechsel bei Welpen

Zwischen dem vierten und fünften Lebensmonat beginnt der Zahnwechsel. Geben Sie Ihrem Vierbeiner in dieser Zeit genügend Kaumaterial wie Büffelhautknochen und Spielzeug aus Hartgummi oder Hartholz. Gegen eventuell auftretende Schmerzen helfen, wie bei Babys, das zuckerfreie Dentinox-Gel aus Kamillenblüten oder das homöopathische Kombi-Präparat Osanit. Fällt ein Milchzahn auch nach längerer Zeit nicht von selbst aus, obwohl schon der neue Zahn sichtbar ist, lassen Sie den alten vom Tierarzt ziehen, um Gebissfehlstellungen zu vermeiden.

Schmuddelwetter-Tipps

An Schlechtwettertagen ist ein Handtuch unverzichtbar. Am besten legen Sie schon im Auto ein Tuch griffbereit, um Ihren Chihuahua bereits vor dem Einsteigen gründlich abrubbeln zu können. Im Fahrzeug selbst hat es sich bewährt, den Hundeplatz mit einer waschbaren Decke oder einer Gummischmutzfangmatte auszustatten: beide Teile sind leicht separat zu reinigen, ohne dass Sie gleich das ganze Auto unter Wasser setzen müssen. Ebenfalls möglich ist die Unterbringung des nassen Hundes in einer mit saugfähigen Tüchern ausgelegten Transportbox, denn auch diese ist einfach zu säubern und begrenzt den Schmutzeintrag auf eine kleine Fläche.

Legen Sie ein weiteres Handtuch vor die Haustür, mit dem Sie Ihren Chihuahua bereits vor der Wohnung gründlich abrubbeln können; so bleibt der größte Dreck auf jeden Fall draußen.

Kann Ihr haariger Kamerad jederzeit zwischen Haus und Garten frei pendeln, empfiehlt sich ein feuchtes oder gut saugendes Tuch auf dem Boden des Verbindungsbereichs; läuft Ihr Hund nun in die Wohnung, tritt er sich schon ganz automatisch die Pfoten auf seinem „Eingangsteppich" ab.

Die wichtigsten Pflegeutensilien

✓ Kamm und Bürste für lang- bzw. kurzhaarige Hunde
✓ Flüssiger Ohrreiniger vom Tierarzt
✓ Reinigungstücher für die Augen
✓ Hundezahnbürste und -pasta bzw. Kaustripes zur Zahnpflege
✓ Krallenschere
✓ Vaseline, Hirschtalg oder Melkfett zur Ballenpflege
✓ Zeckenzange

Gerade in der Schmuddelwetterzeit ist es sehr vorteilhaft, wenn Ihr Vierbeiner auf Kommando seinen Platz aufsucht und dort so lange bleibt, bis Sie den Befehl wieder aufheben. Ist Ihr bellender Freund also noch nicht ganz trocken, können Sie ihn sofort nach der Rückkehr vom Spaziergang in sein Körbchen schi-

Säubern Sie Ihren Hund nach dem Gassigehen noch vor der Haustüre. So bleibt Ihnen der größte Schmutz in der Wohnung erspart.

Mit einer optimalen Pflege tragen Sie viel zur Gesunderhaltung Ihres Chihuahuas bei.

Weitere Pflege-Tipps

Auch regelmäßige Impfungen gegen Staupe, Hepatitis, Leptospirose, Parvovirose und Tollwut sowie Entwurmungen gehören zu den obligatorischen Pflegemaßnahmen bei einem Hund. Um einen Parasitenbefall zu vermeiden, ist außerdem ein sauberer Schlafplatz wichtig: Verwenden Sie nur Decken, Kissen oder Polster, die maschinenwaschbar sind. Untersuchen Sie Ihren Chihuahua zudem von Frühjahr bis Herbst täglich auf Zecken, denn diese könnten Ihren Hund mit Borreliose infizieren. Spezielle Präparate vom Tierarzt schützen vor starkem Zeckenbefall. Lassen Sie sich bei der Wahl des richtigen Mittels unbedingt beraten.

cken, ehe er überhaupt die Gelegenheit hatte, den Dreck im ganzen Haus zu verteilen. Für einen noch feuchten Vierbeiner ist ein Hundeplatz an der wärmenden Heizung angebracht; beachten Sie außerdem unbedingt: Zugluft ist für einen nassen Hund Gift.

Mit etwas Geduld und Geschick des Hundeführers lernen besonders eifrige Vierbeiner auch, sich bereits vor dem Haus auf Befehl zu schütteln oder auf dem Fußabstreifer die Pfoten abzuputzen. Gewöhnen Sie Ihrem Vierbeiner außerdem von vornherein ab, Sie oder andere Menschen anzuspringenn. Besucher mit hellen Hosen werden nicht wirklich von einer stürmischen Begrüßung Ihres nassen Chihuahuas begeistert sein.

Für Sie als begleitender Zweibeiner ist ein extra Schlechtwetter-Dress ratsam, das heißt: Tragen Sie lieber ältere, zweckdienliche Kleidung. Auch eine Regenhose ist praktisch – sie schützt Ihre Hosen vor Nässe und

Schmutz. Gummistiefel dürfen in keinem Hundehaushalt fehlen, so bleiben gute Halbschuhe an Schlechtwettertagen trocken.

Wellness für den Chihuahua

Wellness macht nicht nur uns Menschen Spaß. Mit entsprechenden Maßnahmen können Sie auch Ihrem Chihuahua etwas Gutes tun; sichtlich wird er es genießen, sich einmal so richtig von Ihnen verwöhnen zu lassen.

Bachblüten und Homöopathie

Bestimmte Bachblüten und homöopathische Mittel verhelfen Ihrem Hund zu neuen Kräften. So wirken beispielsweise die Blüten Centaury, Chicory, Clematis und Crap Apple entschlackend und reinigend. Crap Apple hat außerdem eine ausgleichende Wirkung auf den Stoffwechsel und das Immunsystem. Centaury erfrischt und vitalisiert. Olive stellt das innere Gleichgewicht bei Erschöpfung wieder her, Agrimony stärkt und schützt vor

Schicken Sie Ihren Chi ohne Umwege ins Körbchen, wenn er nach der Rückkehr vom Spaziergang noch nicht ganz trocken ist. Dann hat er keine Gelegenheit, den Schmutz in der ganzen Wohnung zu verteilen.

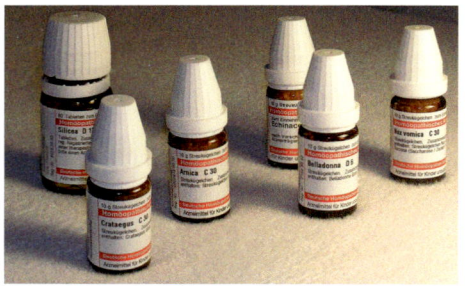

Homöopathische Heilmittel finden auch im Wellnessbereich Anwendung.

Überbelastung. Die Abwehrkräfte Ihres Chihuahuas werden mit Echinacea-Globuli gestärkt. China und Ignatia haben sich bei Erschöpfungszuständen und Stress bewährt. Gegen Muskelkater und Überanstrengung eignen sich Arnica und Traumeel. Bei Verspannungen kann Magnesium phosphoricum helfen.

Inzwischen gibt es schon fertige Bachblütenmischungen oder homöopathische Präparate im Zoofachhandel zu kaufen. Möchten Sie je-

doch tiefer in die Materie einsteigen, lassen Sie sich von einem erfahrenen Therapeuten beraten.

**Mit Massage, Akupressur
und TTouch® entspannen**

Eine Massage darf in keinem Verwöhnprogramm fehlen. Sie erfolgt am besten in Bauch- oder Seitenlage des Hundes. Dabei können Sie in einfachen, geraden Linien streicheln oder in Wellen; auch ein Kreisen Ihrer Hand wirkt entspannend. Führen Sie anschließend mit Ihren Fingerkuppen leichte, kreisförmige Bewegungen aus. Variieren Sie zusätzlich den Druck; massieren Sie jedoch nicht zu kräftig, Ihr Hund soll sich schließlich wohlfühlen und keine Schmerzen haben. Bearbeiten Sie besonders belastete Partien wie die Beinmuskulatur extra mit den Fingerkuppen. Lockernd wirkt leichtes Kneten und Rollen von Haut und Muskeln. Streichen Sie am Ende einer Massage den ganzen Körper des Hundes noch einmal sanft aus. Eine Massage sollte nicht länger

Eine Bürstenmassage ist für Ihren Chihuahua wohltuend und entspannend.

als 15 bis 20 Minuten dauern; gewöhnen Sie Ihren Chihuahua langsam an diese Zeitspanne. Massieren Sie nie, wenn Ihr Vierbeiner eine Infektion hat oder gerade gefressen hat.

Die Akupressur ist eine Abwandlung der Akupunktur. Hier wird ohne Nadeln, nur mit der Berührung und dem Druck der Finger gearbeitet. Dies hat neben dem körperlichen Aspekt auch eine sehr positive, entspannende Wirkung auf die Psyche des Hundes.

Die TTouch®-Methode hingegen besteht aus unterschiedlichen Bewegungen und Handpositionen, die im Uhrzeigersinn auf der Haut des Hundes in verschiedenen Druckstärken ausgeführt werden. Vor allem bei seelischen Störungen sowie zur allgemeinen Beruhigung, zum Stressabbau und Wiederherstellung des Vertrauens hat sich der TTouch® bewährt. Auch zur Schmerzlinderung wird diese Methode erfolgreich eingesetzt. Etliche Hundeschulen bieten inzwischen TTouch®-Seminare an.

Es ist auch möglich, gemeinsam mit seinem Hund einen Wellness-Urlaub in speziellen Hotels zu buchen.

Wer die Kosten nicht scheut, kann seinen Vierbeiner auch von einem Profi verwöhnen lassen.

Aroma-, Farb- und Musiktherapie für neues Wohlbefinden

Die Aromatherapie fördert die seelische Ausgeglichenheit, aktiviert den Kreislauf und stärkt die Abwehrkräfte. Sie erfrischt und verhilft zu neuer Energie. Die ätherischen Öle werden dabei entweder in einer Duftlampe, einem Kräutersäckchen, einem speziellen Hundehalstuch oder direkt auf dem Liegeplatz Ihres Hundes angewendet, allerdings wohl dosiert (2–3 Tropfen) und nur, wenn es Ihrem Vierbeiner auch wirklich behagt. Eine Duftlampe sollte mindestens eine Stunde brennen. Da ein Hund sehr empfindliche Schleimhäute hat, dürfen Sie die Öle nie direkt auf ihn träufeln. Stärkend, aufbauend und reinigend für den gesamten Organismus wirken Lavendel, Orange, Zitrone, Geranium, Grapefruit und Muskatellersalbei. Mandarine und Melisse beruhigen und entspannen. Mimose baut zusätzlich seelisch auf.

Barock- und Meditationsmusik haben eine sehr beruhigende Wirkung auf Hunde – probieren Sie es doch einmal einmal aus.

Zimt und Vanille wird eine ausgleichende, beruhigende und entspannende Wirkung nachgesagt. Neroli-Öl harmonisiert.

Hunde wie auch Menschen sprechen sehr gut auf farbiges Licht an. Rot hat sich besonders bei Erschöpfungszuständen und Appetitlosigkeit bewährt. Orange kommt hingegen bei Immunschwäche zum Einsatz. Gelb hilft bei schwachen Nerven und Schockzuständen. Grün wirkt ausgleichend und Blau beruhigend. Violett wird bei Nervosität, Ängstlichkeit, Hysterie und zur Verarbeitung von Traumata eingesetzt.

Auch Musik entspannt Ihren Chihuahua; Untersuchungen haben ergeben, dass gerade langsame Barockmusik eine sehr beruhigende Wirkung auf Vierbeiner hat. Genauso gut geeignet ist Herrchens oder Frauchens Meditations-CD. Wer musikalisch jedoch auf Nummer Sicher gehen will, kann inzwischen im Fachhandel spezielle Musik für Hunde erwerben.

Wellness vom Profi

Immer mehr Hundephysiotherapeuten bieten auch Wohlfühlbehandlungen für Vierbeiner an. Dabei werden häufig verschiedene Techniken miteinander kombiniert. So erhält die Massage Ihres Vierbeiners gleichzeitig eine Untermalung mit angenehmen Düften und entspannender Musik. Beruhigendes Licht darf dabei selbstverständlich ebenfalls nicht fehlen. Zum Behandlungsspektrum gehören neben der herkömmlichen Massage oftmals auch Fuß- oder Ohrreflexzonenmassagen. Einige Therapeuten verfügen sogar über eigene Hundeschwimmbäder. Manche Praxen bieten Kurse in Massage, Akupressur und TTouch® für den Eigengebrauch an; außerdem finden Sie im Fachhandel interessante Bücher zum Thema.

Wer die Kosten nicht scheut, kann sich auch zusammen mit seinem Hund in speziellen Wellness-Hotels verwöhnen lassen.

Ernährung

Da Schönheit bekanntlich von innen kommt, ist eine ausgewogene Ernährung besonders wichtig.

Zum Wohlfühlprogramm Ihres Chihuahuas und seiner Gesunderhaltung gehört auch eine ausgewogene Ernährung. Füttern Sie nur hochwertiges Futter, das dem Alter, Gesundheitszustand und der Auslastung Ihres Vierbeiners angepasst ist. Auch Welpen brauchen eine andere Ernährung als erwachsene Hunde, schließlich sind sie noch in der Entwicklung. Da der Chihuahua wie alle Zwerghunderassen einen erhöhten Stoffwechsel hat, sollte seine Gesamttagesration auch im Erwachsenenalter auf zwei bis drei Futterportionen verteilt werden. Bei sehr kleinen Exemplaren ist eine drei- bis viermalige tägliche Fütterung ratsam, um einer Unterzuckerung vorzubeugen. Der Fachhandel hält inzwischen für alle Altersklassen und Bedürfnisse spezielles Hundefutter parat. Mit einem qualitativ hochwertigen Fertigfutter gehen Sie also in jedem Fall auf Nummer sicher: Ihr Chihuahua wird optimal mit allen wichtigen Nährstoffen versorgt. Trotzdem kommt es immer wieder vor, dass ein Hund das handelsübliche Futter nicht verträgt. In diesem Fall müssen Sie selbst zum Kochlöffel greifen. Dies ist nicht ganz einfach, denn die richtige Zusammensetzung einer ausgewogenen Ernährung ist fast schon eine Wissenschaft für sich. Auch das „Barfen" (= biologisch artgerechte Rohfütterung) ist möglich; aber hier

Futter-Tipp

Im Buch- und Zoofachhandel gibt es für alle Hundefutter-Hobbyköche eine breite Palette an Ratgebern zum Thema „Hundeernährung". Falls Sie für Ihren Chihuahua kochen, ist ein umfassendes Informieren unerlässlich, damit Ihr Vierbeiner durch einen ausgewogenen Speiseplan wirklich optimal mit allen wichtigen Nährstoffen versorgt wird und es nicht zu Mangelerscheinungen kommt.

Ein zusätzliches Vitaminpräparat kann eventuell nötig sein, wenn Ihr Chihuahua besonders gestresst ist oder stark krankheitsanfällig.

ist eine umfassende Information vorab durch einen Tierarzt oder entsprechende Fachliteratur sehr wichtig.

Im Folgenden finden Sie jedoch einige Tipps für eine abwechslungsreiche und gesunde Hundemahlzeit.

Fleisch und Ballaststoffe in Form von Reis oder Hundeflocken bilden die Basis einer ausgewogenen Hundeernährung. Achten Sie zusätzlich auf eine ausreichende Vitamin- und Mineralstoffversorgung. Diese geschieht am besten in Form von natürlichen Zusätzen wie frischem, unbehandelten Obst, Gemüse, Kräutern, Hüttenkäse oder Naturjoghurt. Bei Obst eignen sich Äpfel sehr gut. Sie sind reich an Vitaminen und Mineralien und wirken durch die enthaltenen Pektine entgiftend. Gemüse ist nicht nur gesund, es fördert mit seinen Ballaststoffen auch die Verdauung. Außerdem beeinflusst es

positiv den Säure-Base-Haushalt des Hundes. Ideal sind Möhren; sie enthalten viel Karotin, die Vorstufe von Vitamin A, außerdem Mineralstoffe und Spurenelemente. Geben Sie zusätzlich immer etwas Öl; dies hilft bei der Verwertung des fettlöslichen Vitamin A. Gekochter Broccoli ist ebenfalls sehr gesund; er wirkt krebsvorbeugend und entgiftend. Spinat, Erbsen, grüne Bohnen und Tomaten runden einen ausgewogenen Speiseplan ab. Kräuter wie Brennnesseln, Basilikum, Petersilie, Löwenzahn und Dill sind nicht nur reich an wichtigen Vitaminen, Mineralien und Spurenelementen, sie haben auch eine heilende Wirkung bei verschiedenen Krankheiten (Beispiele siehe in Kapitel „Gesundheit. Vorsorge"). In Zeiten extremer Anforderung oder erhöhter Krankheitsanfälligkeit ist eventuell ein zusätzliches Vitaminpräparat nötig; halten Sie sich hier allerdings genau an die vom Tierarzt oder in der Packungsbeilage angegebene Dosierung, denn selbst Vitamine können überdosiert schaden.

Schönheit kommt von innen

Der Speiseplan Ihres Hundes ist auch für ein glänzendes Fell und eine gesunde Haut verantwortlich, schließlich kommt Schönheit bekanntlich von Innen. Eine große Rolle spielen dabei die Vitamine A und E sowie Zink, außerdem essentielle Fettsäuren wie Omega-3 und Omega-6. Um einem Mangel vorzubeugen, der sich in stumpfem Fell, Schuppen, Haarausfall, Juckreiz, fettiger Haut und Infektanfälligkeit äußert, geben Sie ab und zu einen Löffel Maiskeim-, Sonnenblumen-, Dis-

Für glänzendes Fell und gesunde Haut ist auch die richtige Ernährung verantwortlich.

tel- oder Pflanzenöl über das Futter. Hochwertiges Eiweiß ist ebenfalls unverzichtbar, allerdings reagieren manche Hunde allergisch auf rohes Eiweiß. Auch Hefe und Biotin verhelfen zu einer gesunden Haut und glänzendem Fell. Ab und zu ein rohes, frisches Eigelb ist ebenfalls gut für Haut und Haare, denn es enthält viele Spurenelemente und Vitamine. Die zerriebene Eierschale versorgt Ihren Vierbeiner dagegen mit natürlichem Calcium.

In der kalten Jahreszeit ist ein leichtes Anfressen von Winterspeck erlaubt. Bauen Sie die überschüssigen Pfunde Ihres Chihuahuas im Frühjahr allerdings lieber mit einem ausgewogenen, aber kalorienarmen Diätfutter als mit einer Kürzung der normalen Futtermenge ab. Achten Sie stets auf saubere Hundenäpfe und täglich frisches Wasser.

Regelmäßige Rippenkontrolle

Überprüfen Sie regelmäßig, ob Ihr Hund nicht zu dick wird. Steht Ihr Chihuahua vor Ihnen, müssen seine Rippen rechts und links deutlich zu spüren sein.

Selbst gebackene Hundeleckerli

Fischstäbchen

Sie brauchen dafür folgende Zutaten:

1 Dose Thunfisch (im eigenen Saft)
6 EL Haferflocken
2 Eier
2 EL Semmelbrösel
2 EL gehackte Petersilie

Gießen Sie den Saft des Thunfisches ab. Vermischen Sie dann alle Zutaten zu einem homogenen Teig. Formen Sie nun kleine „Stäbchen" und legen Sie diese auf ein mit Backpapier ausgelegtes Backblech. Die Fischstäbchen werden im vorgeheizten Backofen bei 175 °C (mittlere Schiene) ca. 30 Minuten gebacken. Anschließend im Ofen abkühlen lassen. Die Fischstäbchen halten, in einer Frischhaltedose im Kühlschrank aufbewahrt, ca. 2–3 Wochen. Geben Sie Ihrem Chihuahua täglich nicht mehr als ein bis zwei dieser Leckerlis, denn sie sind sehr gehaltvoll.

Eine artgerechte Ernährung ist schon im Welpenalter sehr wichtig – für ein langes, gesundes Hundeleben.

EXTRA
Elf goldene Futterregeln

Die Menge macht's

Ein Hund weiß nicht von selbst, wie viel Futter er braucht. Hier gibt es große individuelle Unterschiede: einige Vierbeiner sind schier unersättlich, andere muss man fast erst bitten, überhaupt etwas zu fressen. Bieten Sie Ihrem Chihuahua daher auf keinen Fall unbegrenzt Futter an. Bei Fertignahrung richten Sie sich am besten nach den Mengenanga-

ben auf der Futterpackung. Achten Sie darauf, dass der Hund schlank bleibt. Kochen Sie selbst, fragen Sie Ihren Tierarzt nach der angemessenen Portionsgröße für Ihren Hund. Heikle Tiere werden zum besseren Fressen animiert, wenn ihnen das Futter nur eine begrenzte Zeit (ca. 10–15 Min.) zur Verfügung steht.

Feste Zeiten einhalten

Um den Stoffwechsel des Hundes nicht unnötig durcheinanderzubringen, sind feste Fütterungszeiten wichtig. Füttern Sie daher also nicht wahllos, wenn Sie gerade Zeit haben. Ein ausgewachsener Chihuahua sollte dreimal täglich seine Mahlzeit bekommen.

Vorsicht mit Kaltem

Gerade im Sommer ist es wichtig, frisches Hundefutter im Kühlschrank aufzubewahren, damit es nicht verdirbt. Verfüttern Sie es allerdings nur zimmerwarm. Zu kaltes Futter kann Probleme mit der Verdauung hervorrufen; zudem entfaltet Frisch- und Nassfutter seinen vollen Geschmack

erst bei Zimmertemperatur. Muss es doch einmal schnell gehen, erwärmen Sie das Fressen kurz im Kochtopf, Wasserbad oder in der Mikrowelle.

Abwechslung ist Trumpf

Auch unsere Hunde sind Feinschmecker und lieben Abwechslung; die große Auswahl an Fertigfutter macht es Ihnen hier leicht. Bereichern Sie den Speiseplan zusätzlich hin und wieder mit Äpfeln, Karotten, Quark, Hüttenkäse, Nudeln, Reis oder Kräutern. Beachten Sie bei der Fütterung auch das Alter, den Gesundheitszustand und die Auslastung Ihres Chihuahuas. Inzwischen gibt es für alle Ansprüche speziell zusammengesetzte Nahrung.

Langsame Futterumstellung

Führen Sie Futterumstellungen nur langsam und schrittweise durch, damit sich der Verdauungstrakt Ihres Hundes an die neue Nahrung gewöhnen kann.

 Es muss nicht immer Fleisch sein

Wölfe nehmen mit dem Darminhalt ihrer Beutetiere immer auch wichtige pflanzliche Nahrung auf. Daher ist es falsch, anzunehmen, Hunde seien reine Fleischfresser. Für eine ausgewogene Ernährung benötigen sie einen gewissen Anteil an pflanzlicher Nahrung; in Fertigfutter wurde dies bereits bei der Zusammensetzung berücksichtigt. Kochen Sie selbst, mischen Sie das Fleisch am besten mit Nudeln, Reis, Gemüse oder speziellen Hundeflocken.

Betteln ist tabu

Fallen Sie nicht auf den treuen Blick Ihres Vierbeiners rein, Sie tun ihm damit nichts Gutes. Erstens erziehen Sie ihn so erst zum Betteln und zweitens bekommt Ihr Hund auf diese Weise auch schnell mal etwas Süßes, das sehr schädlich für ihn ist. Belohnen Sie ihn nur mit speziellen Hundeleckerlis.

Keine Reste vom Tisch

Füttern Sie Ihren Chihuahua nie mit Resten Ihrer eigenen Mahlzeit. Ihr Hund darf hier auf keinen Fall vermenschlicht werden, denn er hat ganz andere Ernährungsansprüche als Sie. Unsere stark gewürzten Speisen führen bei Vierbeinern schnell zu schweren Gesundheitsstörungen. Füttern Sie nur spezielles und ausgewogenes Hundefutter.

Finger weg von Milch

Milch ist auch bei Hunden beliebt. Viele Tiere bekommen davon jedoch Verdauungsstörungen. Daher gilt: Keine Milch, sondern täglich frisches Wasser als Getränk anbieten.

Kein rohes Schweinefleisch

Füttern Sie kein rohes Schweinefleisch, denn dadurch kann sich Ihr Hund mit der lebensbedrohlichen Aujeszkyschen Krankheit infizieren. Die Symptome sind ähnlich wie bei der Tollwut, daher wird die Krankheit auch „Pseudowut" genannt. Schweinefleisch darf nur gut durchgekocht verfüttert werden; rohes Rindfleisch ist dagegen unbedenklich.

Nach dem Essen sollst du ruhen

Füttern Sie Ihren Chihuahua immer erst nach einem Spaziergang. Rennen und Toben mit vollem Magen ist tabu: schnell kommt es zu Verdauungsstörungen bis hin zur lebensgefährlichen Magendrehung.

Ausstellungen

Für alle Rassehunde-freunde und die, die es noch werden möchten, sind Hundeausstel-lungen eine interes-sante Veranstaltung. Hier sind Informati-onen aus erster Hand zu bekommen.

Hundeausstellungen sind für Rassehunde-freunde eine besonders interessante Plattform. Schon vor der Anschaffung eines Vierbeiners können Sie sich hier genau über eine be-stimmte Rasse informieren, denn Sie erleben nicht nur etliche Vertreter live, sondern haben auch die Möglichkeit, mit Haltern und Zucht-vereinen in Kontakt zu treten und auf diese Weise Erfahrungsberichte aus erster Hand zu sammeln.

Bei den Ausstellungen selbst geht es um die genaue Überprüfung und Bewertung der Hunde hinsichtlich des vorgeschriebenen Ras-sestandards und der durch den betreuenden Verein festgelegten Zuchtkriterien. Die Teil-nahme an einer Ausstellung ist für manche Hundehalter reiner Spaß; sie möchten solch eine Veranstaltung einfach einmal mitmachen, um nur interessehalber zu hören, wie ein pro-fessioneller Richter ihren Vierbeiner bewertet. Möglicherweise hat sie sogar der Züchter des Hundes dazu überredet, schließlich ist es für den Züchter selbst wichtig und interessant zu sehen, wo sein Nachwuchs und somit auch seine Zuchtlinie steht.

Die meisten Aussteller sind bereits am Zucht-geschehen beteiligt, denn die erfolgreiche Teil-nahme an Hundeausstellungen ist Vorausset-zung für eine Zuchtzulassung: Es sind lang-jährige und zukünftige Züchter, aber auch Deckrüdenbesitzer, die ihre Vierbeiner über die Teilnahme an Ausstellungen bekannter ma-chen möchten.

Auf einer Hundeausstellung herrscht eine ganz besondere Atmosphäre; das Sehen und

Bitte beachten Sie ...

Kranke Vierbeiner sind von Zuchtschauen ausgeschlossen. Vor der Ausstellung müssen Sie die FCI-Ahnentafel und den Impfpass mit einer gültigen Tollwutimpfung Ihres Chi-huahuas vorlegen.

Gesehenwerden steht in jedem Fall im Vordergrund. Die Einteilung der Hunde erfolgt in verschiedene Klassen, getrennt nach Geschlechtern. Bei der abschließenden Bewertung werden bestimmte Formwertnoten vergeben (siehe Kasten Seite 82).

Dabeisein ist alles

Wollen Sie auch einmal mit Ihrem Chihuahua im Ring stehen, sei es aus reinem Vergnügen oder weil sie mit ihm züchten möchten, ist ein gutes Sozialverhalten Ihres Hundes natürlich Pflicht, schließlich wird er zunächst in einer Gruppe mit anderen Chihuahuas vorgeführt. Außerdem ist eine ordentliche Leinenführigkeit schon die halbe Miete einer gelungenen Präsentation. Bei der anschließenden Einzelbewertung erfolgt die genaue Begutachtung Ihres Hundes durch den Richter: dieser prüft neben dem Gangwerk das Stockmaß, die genauen Proportionen, Besonderheiten des Standards und die Zähne. Dieses Beurtei-

Ein Richter begutachtet Ihren Chi für die Einzelbewertung ganz genau.

lungsritual sollten Sie schon vorab üben, damit sich Ihr Chihuahua auch von fremden Menschen ins Maul sehen und natürlich überhaupt berühren lässt. Der Umgang und das korrekte Vorführen des Hundes fließen in die Bewertung mit ein: so erkennen die Richter genau, wer mit seinem Vierbeiner das optimale Präsentieren trainiert hat. Nicht selten wird ein Ausstellungsneuling darauf hingewiesen, dass seine Führfehler der Grund für eine schlechtere Bewertung des Hundes sind, im Vierbeiner jedoch mehr Potenzial steckt. Eine gute und umfassende Vorbereitung für eine Zuchtschau bekommen Sie durch ein professionelles Ringtraining, das von manchen Hundevereinen oder auch Züchtern angeboten wird. Für die Teilnahme an einer Zuchtschau sollten Sie sich aber nicht nur im Vorfeld Zeit nehmen, auch die Ausstellung selbst dauert meist einen ganzen Tag, wobei Sie die meiste Zeit sicherlich mit Warten verbringen.

Gelassene, nervenstarke Hunde, die nichts so schnell aus der Ruhe bringt, tun sich auf Ausstellungen leichter. Sie lassen sich durch die Menschen- und Hundeansammlungen nicht stressen.

Rassen- und Klasseneinteilung

Der Chihuahua wurde von der FCI (Féderation Cynologique Internationale) in die Gruppe 9 Gesellschafts- und Begleithunde, Sektion 6 „Chihuahueño; ohne Arbeitsprüfung" eingeteilt. Als Startklassen gibt es:
- Jüngstenklasse (6–9 Monate)
- Jugendklasse (9–18 Monate)
- Zwischenklasse (15–24 Monate)
- Offene Klasse (ab 15 Monate)
- Veteranenklasse (ab 8 Jahre)
- Championklasse (ab 15 Monate für Champions und Gewinner bestimmter Titel)
- Ehrenklasse (für Hunde mit dem Titel „Internationaler Schönheitschampion der FCI")

Formwertnoten
- Vorzüglich (V)
- Sehr gut (SG)
- Gut (G)
- Genügend (Ggd)
- Disqualifiziert (Disq)

Die vier besten Hunde einer Klasse werden platziert, sofern sie mindestens die Formwertnote „Sehr gut" erhalten haben.

Beurteilungen in der Jüngstenklasse
- vielversprechend (vv)
- versprechend (v)
- wenig versprechend (wv)

Weitere Wettbewerbe
Zuchtgruppe Sie besteht aus mindestens drei Hunden einer Rasse aus demselben Zwinger; die Hunde müssen am Tag der Ausstellung in der Einzelbewertung mindestens den Formwert „Gut" bekommen haben.

Paarklasse Sie besteht aus jeweils einem Rüden und einer Hündin, die Eigentum eines Ausstellers sein müssen.

Juniorhandling Dies ist ein Vorführwettbewerb für Jugendliche, der als Vorbereitung gedacht ist, Hunde auch später im Ausstellungsring zu präsentieren.

Veteranen-Wettbewerb Hier können Hunde ab dem 8. Lebensjahr starten; es wird nach den Vorgaben des Standards besonders die Gesamtkonstitution, der Pflegezustand des Vierbeiners sowie die im Ring gezeigte Kondition beurteilt.

Wie die Hunde selbst das Ausstellungsgeschehen aufnehmen, ist unterschiedlich. Einige Vertreter scheinen sichtlich Spaß am Präsentieren und Posieren zu haben; bei anderen Gespannen ist der Spaß am Gesehenwerden eher auf den Zweibeiner begrenzt, der Vierbeiner hingegen würde den Tag sicherlich lieber tobend im Freien verbringen. Eine gewisse Nervenstärke muss ein Chihuahua für eine Ausstellung in jedem Fall mitbringen, damit ihn die Menschen- und Hundeansammlung auf engstem Raum nicht unnötig stressen.

Begleiter in Freizeit und Alltag

Klein, aber oho! Der Chihuahua ist ein begeisterter Sportler.

Für ein soziales Tier wie einen Hund ist Dabeisein alles. Daher gibt es für ihn nichts Schöneres, als seine Leute so oft wie möglich zu begleiten. Mit einem wohlerzogenen Chihuahua können Sie sich eigentlich überall sehen lassen.

Ein gewisser Grundgehorsam und eine gute Sozialisation des Vierbeiners sind also schon die halbe Miete für gemeinsame, entspannte Freizeitaktivitäten und einen abwechslungsreichen Alltag.

Hundesport

Zwar ist Hundesport für einen Chihuahua nicht *das* Lebenselixier wie es beispielsweise bei einem Border Collie oder Australian Shepherd der Fall ist, trotzdem aber sind die temperamentvollen Zwerge absolut für Hundesport zu begeistern. Die intensive gemeinsame Beschäftigung mit Ihrem Chihuahua auf einem Zwerghunden gegenüber aufgeschlossenen Hundeplatz wird Sie beide schnell zu

83

Eine angemessene Auslastung und sinnvolle Beschäftigung ist für Ihren Chi sehr wichtig, beispielsweise in Form von Hundesport.

So klein wie der Chihuahua ist, so gerne betätigt er sich auch sportlich – egal ob lange Spaziergänge, Wanderungen oder Hundesport.

einem unzertrennlichen Dream-Team zusammenschweißen. Beachten Sie allerdings, dass sich ein Chihuahua frühestens ab einem Alter von 18 Monaten und nur nach vorheriger tierärztlicher Untersuchung sportlich betätigen sollte. Im Folgenden stellen wir Ihnen einige Sportarten vor, die gut für agile Chihuahuas geeignet sind.

Begleithundeprüfung

Voraussetzung für die Ausübung einiger Sportarten (z.B. Agility, Fährtenhund) ist eine bestandene Begleithundeprüfung (BH). Das Mindestalter der wedelnden Prüflinge liegt bei 15 Monaten. Der Vierbeiner muss auf dem Hundeplatz verschiedene Unterordnungsübungen absolvieren; außerdem gilt es außerhalb des Platzes einen Verkehrsteil zu bestehen, der das sichere und freundliche Verhalten des Hundes gegenüber anderen Verkehrsteilnehmern und Artgenossen überprüft. Für den Hundeführer gibt es zuvor noch eine theoretische Prüfung.

Agility

Agility ist mehr als nur ein schneller Sport. Agility festigt und vertieft die Beziehung zwischen Zwei- und Vierbeinern. Je nach Größe des Hundes gibt es drei verschiedene Startklassen: Mini (unter 35 cm Schulterhöhe), Midi (35 cm bis unter 43 cm SH) und Maxi (ab 43 cm SH), somit läuft ein Chihuahua in der Kategorie Mini. Ein professioneller Parcours besteht aus 15 bis 20 Hindernissen und hat eine Länge zwischen 100 und 200 m. Bei einem Turnier sollten mindestens sieben Hochsprung-Hürden vorhanden sein. Diese können ganz unterschiedlich aufgebaut sein; so gibt es einfache Stangenhürden und Vollflächenhürden mit einer lose aufgelegten Stange. Außerdem kommen Hürden mit einem Gitter oder gekreuzten Stangen sowie Hindernisse aus Buschwerk zum Einsatz. Im Turnier-Parcours existieren zusätzlich das Viadukt und der Reifen. Beide verlangen sowohl hohe Sprungkraft, als auch genaues Taxieren. Ein Sprung durch die Rahmenaufhängung des Reifens gilt innerhalb eines Wettbewerbs als Verweigerung. Der Weitsprung fordert im Turnier Schnelligkeit und

Chihuahuas sind sehr agile, lebhafte Hunde, die ausgewachsen gut für Hundesport im Mini-Kader geeignet sind.

Konzentration vom Hund. Weitere Standard-Geräte sind Tunnel und Stofftunnel. Für Kontaktzonengeräte wie die A-Wand, der Laufsteg und die Wippe besagt das Reglement, dass der Hund bei einem fehlerfreien Auf- und Abstieg mindestens eine Pfote im unteren, farblich markierten Bereich aufsetzen muss. Slalom und Tisch dürfen ebenfalls nicht fehlen. Auf dem Tisch soll der Vierbeiner für fünf Sekunden eine vorher festgelegte Position wie Sitz, Platz oder Steh einnehmen. Im Turnier bedeutet der Tisch eine Ruhephase, denn der Aktionsfluss wird kurzzeitig unterbrochen. Die Bewertung erfolgt am Ende je nach Zeit, eventuellem Abwurf oder Verweigerung.

Turnierhundesport

Der THS bietet für jeden etwas, denn hier gibt es auch je nach Alter des Hundeführers unterschiedliche Startklassen. Mensch und Hund bilden als gleichgestellte Partner ein Team; in die Endnote fließen also nicht nur die Leistungen des Vierbeiners, sondern auch die des Zweibeiners mit ein. Innerhalb des Turnierhundesports gibt es verschiedene, abwechslungsreiche Wettbewerbsformen wie Hindernislauf-Turniere, Vierkampf (Gehorsam, Hürden-, Slalom und Hindernislauf), Geländelauf (2 000 m / 5 000 m), *Combination Speed Cup* („CSC"; Mannschaftswettkampf, in dem drei Mannschaftsmitglieder in einem in drei Sektionen eingeteilten Parcours als Staffel laufen),

Diesem hochbeinigen Kerlchen sieht man seine Eignung zum Mini-Agility regelrecht an.

Shorty (Kurz-Bahn-„CSC" für Zweier-Mannschaften mit zwei Geräte-Sektionen) und Qualifikations-Speed-Cup („QSC"; Wettkampf nach dem K.-o.-System auf zwei baugleichen Parcours).

Trickdogging

Trickdogging-Kurse oder -Workshops kommen in Hundeschulen immer mehr in Mode. Dabei werden Gehorsamkeitsübungen mit Spaßlektionen verbunden. Die vierbeinigen Schüler lernen kleine Kunststückchen und Spiele, die der Hundeführer auf Spaziergängen oder bei schlechtem Wetter im Haus ganz einfach „abfragen" kann. Hier ist also Kopfarbeit gefragt, die dem Chihuahua aufgrund seiner Intelligenz sehr liegt. Im Mittelpunkt steht immer der Spaß und nicht die perfekte Leistung. Die Palette der Übungen ist groß: Winken, verbeugen, „give me five", die Socken

Die beim Trickdogging gelernten Kunststückchen und Spiele lassen sich wunderbar zwischendurch zu Hause oder auf dem Spaziergang einbauen. Hier haben beide ihren Spaß!

bringen oder ein Taschentuch aus der Hose ziehen sind nur einige wenige Beispiele. Da dieses Training individuell auf jeden einzelnen Vierbeiner zugeschnitten werden kann, ist es auch gut für ältere Chihuahuas, Hunde mit Handicap oder ängstliche Hunde geeignet.

Dogdancing

Dogdancing ist eine Sportart, die den Hund körperlich, aber auch und vor allem geistig fordert. Der Hundeführer entwickelt zusammen mit seinem vierbeinigen „Tanzpartner" eine Choreographie, die auf einer perfekten Fußarbeit basieren soll, dazu führt der Hund noch diverse Tricks vor. Die gesamte Darbietung muss möglichst synchron zu einer begleitenden Musik ausgeführt werden. Bei der Zusammenstellung einer Dogdancing-Choreographie sind viel Kreativität und Fantasie gefragt. Für die Einstudierung sind Geduld, Humor und eine gute Motivation des Hundes nötig. Eine Vorführung, die nicht nur paarweise, sondern auch in Gruppen-Formationen geschehen kann, soll freudig und voller Harmonie sein.

Mobility

Mobility ist eine Sportart, die sich für Menschen und Hunde jeden Alters, aber auch gehandicapte Vierbeiner eignet, denn die zu absolvierenden Aufgaben werden individuell an die startenden Hunde angepasst. Dabei gilt es Elemente aus dem Agility, aber auch andere Spaßlektionen, wie Schaukeln, in einem Bollerwagen fahren oder einen Gegenstand apportieren, zu bewältigen. Außerdem können kleine Unterordnungsübungen und Kunststückchen abgefragt werden. Damit der Parcours als bestanden gilt, muss das sechsbeinige Team mindestens zwölf von siebzehn Stationen fehlerfrei durchlaufen. Anschließend folgt für Herrchen oder Frauchen ein Theorieteil mit zehn Fragen rund um den Hund. Sind acht Antworten richtig, hat auch der Zweibeiner seinen Test bestanden. Bei Mobility stehen grundsätzlich der Spaß und das Teamwork mit dem Hund im Mittelpunkt.

Beim Mobility müssen auch diverse Spaßlektionen bewältigt werden.

Bitte beachten Sie ...

Nicht jeder Hund ist für jede Sportart zu begeistern; suchen Sie die Beschäftigung mit Ihrem Chihuahua nach seiner individuellen Vorliebe, seinem Gesundheitszustand und seiner allgemeinen Fitness aus. Nehmen Sie auch Wettkampfsport nicht allzu ernst: Drill und übertriebener Ehrgeiz haben hier nichts zu suchen; der Spaß soll bei diesem Teamwork immer an erster Stelle stehen. Betrachten Sie Trainer ebenfalls unter diesem Gesichtspunkt: Nehmen Sie Abstand von strengen, autoritären Unterrichtsmethoden; humorvolle Motivationen sind das A und O einer optimalen Vertrauensbeziehung zwischen Ihnen und Ihrem Chihuahua. Nur so macht Ihrem Vierbeiner die Zusammenarbeit mit Ihnen Spaß und nur so ist sie Erfolg versprechend.
Hundesportplätze und -vereine in Ihrer Nähe finden Sie über das Internet. Auch Tierschutz-vereine, Tierärzte, Zoogeschäfte oder andere Hundebesitzer in Ihrer Umgebung sind geeignete Ansprechpartner auf der Suche nach einer passenden Trainingsmöglichkeit. Bevor Sie sich endgültig für einen Hundeplatz entscheiden, ist ein mehrmaliges Zuschauen vorab sowie Gespräche mit Trainern und Teilnehmern empfehlenswert. Haben Sie die Möglichkeit, sehen Sie sich am besten gleich mehrere Übungsplätze näher an. Wichtig ist, dass die Kursleiter individuell auf jede Hundepersönlichkeit eingehen.

Der Chihuahua als sportlicher Freizeitbegleiter

Unterwegs mit dem Fahrrad

Der Bewegungsdrang von Chihuahuas ist individuell unterschiedlich ausgeprägt. Trotzdem haben die meisten Vertreter Spaß an sportlichen Aktivitäten mit ihren Leuten, statten Sie Ihren temperamentvollen Zwerg dabei allerdings lieber mit einem Geschirr als mit einem Halsband aus, denn ein Geschirr schont die empfindliche Halswirbelsäule des Kleinen. Strecken bis zu 15 km sind für einen trainierten Chihuahua durchaus kein Problem. Auch bei einer Fahrradtour müssen Sie nicht auf ein Zusammensein mit Ihrem Chi verzichten, wenn Ihr Vierbeiner in einem speziellen Fahrradkörbchen

Tipp!

Ausdauersportarten, bei denen der Hund länger läuft, sind nur für absolut gesunde, normalgewichtige und nicht zu alte Hunde geeignet. Auch junge Vierbeiner müssen mit Rücksicht auf ihren noch instabilen, weichen Bewegungsapparat geschont werden: Gewöhnen Sie Ihren bellenden Begleiter erst ab einem Alter von etwa 1,5 Jahren langsam an längere Strecken. Wärmen Sie Ihren Hund vor jeder sportlichen Aktivität gut auf, um Schäden am Skelett vorzubeugen.

Platz nehmen und die Aussicht von oben genießen darf. Für radbegeisterte Chihuahuahalter ist also die Anschaffung eines Hundefahrradkorbes empfehlenswert.

Viel Spaß am laufenden Band

Die Renner unter den Outdoorsportarten sind nach wie vor **Joggen**, **Walken** und **Nordic Walking**. Wie immer gilt für Mensch und Hund: Geteiltes Vergnügen ist doppelte Freude. Vergessen Sie selbst bei gut folgenden Hunden nie, eine Leine für den Notfall mitzunehmen. Damit der Jogger die Hände frei hat, hält der Fachhandel inzwischen spezielle Jogging-Leinen und -Gürtel bereit; in Letzteren wird die Leine einfach eingehängt. Planen Sie

eine größere Runde mit Pause, vergessen Sie etwas Wasser für Ihren Vierbeiner nicht. Lassen Sie ihn allerdings nicht zu viel davon trinken, damit er durch das Rennen mit vollem Bauch keine Magendrehung bekommt.

Probier's mal mit Gemütlichkeit

Mögen Sie oder Ihr Chihuahua keine flotten Sportarten, probieren Sie es mal mit einer ruhigeren **Wanderung**. Da jedoch auch hier von Zwei- und Vierbeinern Ausdauer gefragt ist, müssen Sie das Training wieder erst langsam aufbauen. Nehmen Sie für längere Touren neben einer eigenen Brotzeit auch Trinkwasser und, je nach Dauer, eine kleine Futterration sowie einen Napf für Ihren Chihuahua mit. Vergessen Sie außerdem ein Erste-Hilfe-Notfallset nicht. Auch ein Rucksack, in dem Ihr Chihuahua zwischendurch mal getragen werden kann, sollte nicht fehlen. Einer größeren Vorbereitung bedürfen längere Bergtouren; si-

Keinen Sport mit vollem Bauch

Wegen der Gefahr einer Magendrehung darf ein Hund grundsätzlich vor sportlichen Aktivitäten nichts zu fressen bekommen. Füttern Sie ihn auch nicht unmittelbar danach, sondern erst nach einer etwa 20-minütigen Erholungspause: Eine große, gierig verschlungene Portion kann zusätzlich Kreislauf belastend sein und schwer im Magen liegen.

Gesundheits-Tipp für vierbeinige Sportskanonen

Erste Hilfe bei Muskelkater: Vorbeugend gleich nach der Anstrengung eine Tablette Rhus toxicodendron D30 oder im Akutfall zweimal eine Tablette. Zusätzlich ist eine Einreibung mit Bach-Rescue-Salbe möglich.

Gassi-Tipp

Nehmen Sie als Hundebesitzer auf Spaziergängen immer Rücksicht auf andere Spaziergänger, Jogger und Radfahrer: Rufen Sie Ihren Chihuahua ab und lassen Sie ihn kurz bei Fuß gehen, bis Jogger oder Radler vorüber sind.

cheres Kartenlesen ist dabei schon eine wichtige Grundvoraussetzung. Klären Sie bei Mehrtagestouren unbedingt vorab, ob Ihr Vierbeiner auch in Hütten übernachten darf.

Rund ums Spielen

Warum Spielen so wichtig ist

Alle jungen Tiere spielen gerne, denn Spielen macht Spaß, aber nicht nur das: Im Spiel lernt ein Vierbeiner fürs Leben und zwar sein Leben lang. Schon Welpen lernen spielerisch ihre Umwelt kennen, lernen aus guten und schlechten Erfahrungen. Aber auch die Rangordnung innerhalb des Hunderudels und später innerhalb der Familie wird spielerisch ausgetestet. Das Spiel mit Artgenossen legt für Welpen den Grundstein zu einem normal entwickelten, ausgeglichenen Sozialverhalten. Spielen ist aber nicht nur für junge Hunde wichtig. Im Grunde kann ein Vierbeiner bis ins hohe Alter spielerisch lernen.

Erwachsene Hunde testen untereinander ebenfalls immer wieder im Spiel ihre Rangordnung aus. Sehr selbstbewusste Tiere versuchen oft innerhalb ihrer Familie durch schelmische Tricks ihre Grenzen und ihren Stand in der Fa-

Spielen ist nicht nur für junge Hunde wichtig; im Grunde kann ein Vierbeiner bis ins hohe Alter spielerisch lernen.

milien auszuloten. Lassen Sie sich nicht einwickeln, sonst haben Sie schnell verspielt. Auch veränderte Lebensbedingungen oder unbekannte Gegenstände werden noch von erwachsenen Hunden spielerisch erforscht. Häufiges Spielen schult außerdem das Gehirn des Vierbeiners. So belegen Studien, dass Hunde, die in ihrer Welpenzeit kaum Eindrücke sammeln konnten, ihr Leben lang weniger aufnahmefähig sind als Artgenossen, die zwar von den Erbanlagen her nicht so intelligent sind, dafür

Lassen Sie sich nicht von den schelmischen Tricks Ihres Chihuahuas einwickeln, sonst haben Sie schnell verspielt.

Ausgelassenes Toben nach Erziehungseinheiten kann eine tolle Belohnung für Ihren Hund sein.

aber mehr gefördert wurden. Vierbeiner, denen mehr geboten wird, können sich auch nachweislich besser konzentrieren. Junge Hunde erfahren durch ausgelassenes Toben nach Erziehungseinheiten eine tolle Belohnung. Sie dürfen nun ihren, durch die Anspannung des Lernens aufgestauten Energien so richtig freien Lauf lassen und entspannen sich somit wieder. Gehen Sie die Erziehung Ihres Chihuahuas spielerisch an, wirkt dies sehr motivierend auf den Vierbeiner, denn der Spaß kommt dabei nie zu kurz. Außerdem entwickelt sich ein intensives Vertrauensverhältnis zwischen Ihnen und Ihrem Hund. Regelmäßige Spielstunden schweißen Sie und Ihren Chihuahua zu einem richtigen Dream-Team zusammen. Auf diese Weise bleibt Ihr wedelnder Kamerad auch im

Zehn Spielregeln für Sie und Ihren Chihuahua

Spielen macht Spaß, allerdings nur, wenn sich alle Mitspieler an bestimmte Regeln halten. Im Zusammenspiel mit Ihrem Chihuahua bleiben Sie jedoch immer der Chef, der auch dafür sorgt, dass Ihr cleverer Vierbeiner nicht still und heimlich Ihre Autorität untergräbt.

- *Sie bestimmen Zeitpunkt und Ort.*
- *Sie legen das Spielende fest.*
- *Sie sind der Spielzeug-Verwalter.*
- *Kein Tauziehen mit dominanten Rambos.*
- *Nach dem Füttern herrscht Spielverbot (Magendrehung).*
- *Lassen Sie Ihren Hund während des Spiels keine großen Mengen trinken (Magendrehung).*
- *Nicht in der größten Mittagshitze spielen.*
- *Achten Sie auf ausreichende Ruhephasen.*
- *Belohnen Sie nicht nur mit Leckerli, sondern auch mit Stimme, Streicheln und Spielzeug.*
- *Hören Sie auf, wenn's am schönsten ist!*

Alter lange körperlich und geistig fit. Schüchterne Vertreter gelangen durch einfache Spiele, die Erfolge bringen, zu einem gestärkten Selbstbewusstsein. Spielen ist für Hunde jeden Alters also in den unterschiedlichsten Bereichen wie ein Lebenselixier, ohne das sie auf Dauer physisch und psychisch verkümmern würden.

Lustige Hundespiele

Fußballspiel Das „Fußball-Spiel" ist für zwei- und vierbeinige Ballfetischisten (und Menschen, die sich nicht ständig bücken wollen) ein großer Spaß. Hierfür benötigen Sie mindestens zwei Bälle und eine große Wiese. Die ersten Bälle werden dem Hund geworfen. Haben Sie keinen Ball mehr in der Hand, schießen Sie ab jetzt die am Boden liegenden Bälle. Während der Hund immer einem Ball hinterherläuft, ihn aufnimmt und in der Schnauze trägt, schießen Sie den nächstliegenden „freien" Ball in die entgegengesetzte Richtung des Hundes, damit er sich dabei richtig austoben kann. Je mehr Bälle Sie verwenden, umso lustiger wird's: nicht nur bei Ihnen, sondern auch bei Ihrem Hund sind Geschicklichkeit und Reaktionsvermögen gefragt.

Kreative Hürden Sportliche Chihuahuas haben großen Spaß am Überspringen von niedrigen Hürden. Legen Sie hierfür ein bis zwei Handfeger oder Schuhbürsten mit den Borsten nach oben auf den Boden und lassen Sie Ihre bellende Hupfkugel darüber springen. Ein Stock kann, auf zwei Ziegelsteine gelegt, übersprungen werden. Zwei niedrige Pappkartons, auf denen Sie, in einer vorher ausgeschnittenen Rundung, einen Besenstiel platzieren, ergeben ebenfalls eine attraktive Hürde für Ihren Chihuahua. Vier Ziegelsteine oder mehrere umgedrehte, kleinere Blumentöpfe sind ein weiteres tolles Hindernis. Sitzen Sie auf dem Boden, lädt Ihr ausgestrecktes Bein zum Überspringen ein. Eine mit Wasser gefüllte, rechteckige Katzentoilette stellt einen Wassergraben dar.

Apportierspiele Beherrscht Ihr Chihuahua das Kommando „Apport", hat er großen Spaß

Das „Fußball-Spiel" ist für Ballfetischisten ein großer Spaß – aber auch sehr anstrengend für den Hund.

Mit dem Kommando „Apport" können Sie Ihren Chihuahua als Haushaltshelfer einspannen – er wird stolz wie Oskar sein, wenn er Ihnen Ihre Socken oder Handschuhe bringen darf.

Eine mit Leckerlis und zerknülltem Zeitungspapier gefüllte kleine Schachtel ist ein tolles Schnüffelobjekt.

an Bringspielen. Er wird stolz wie Oskar sein, wenn er Ihnen Ihre Socken oder Handschuhe bringen darf. Vor der Gartenarbeit trägt Ihnen Ihr bellender Gentleman gerne die Gummihandschuhe. Wasserratten apportieren auch aus dem kühlen Nass; hier gibt es inzwischen spezielles Neopren-Spielzeug in verschiedenen Größen, das sehr leicht ist und somit gerade für kleine Hunde gut geeignet ist.

Für Supernasen Chihuahuas sind auch für Schnüffelspiele zu begeistern. Verstecken Sie Ihrem Vierbeiner mal ein Stück Pansen in einer speziellen Schnüffelbox. Wickeln Sie hierfür den Pansen in zerknülltes Zeitungspapier; dieses geben Sie nun samt duftendem Inhalt locker in eine Pappschachtel, deren

Wichtige Auflockerung
Trainieren Sie immer nur in kurzen Sequenzen, denn Ihr Hund muss sich beim Erlernen von Kunststückchen sehr konzentrieren. Schließen Sie stets mit einem Erfolgserlebnis ab und lockern Sie die einzelnen Lernschritte durch Pausen auf. Auch ein zwischenzeitliches Toben im Garten macht den Kopf wieder frei für die Aufnahme neuer „Befehle".

Deckel bereits mit einigen Duftlöchern versehen ist. Jetzt heißt es für Ihren Hund: „Auf die Plätze, fertig, los!" Feuern Sie ihn mit dem Kommando „Such' und eigener Begeisterung an, sein Leckerli zu finden. Selbstverständlich dürfen dabei auch die Fetzen fliegen. Eine mit Leckerlis und zerknülltem Zeitungspapier gefüllte Glühbirnenschachtel ist ebenfalls ein tolles Schnüffelobjekt.

Fortgeschrittene Vierbeiner können nach bestimmten Gegenständen suchen, die nach Ihnen riechen, wie beispielsweise ein kleiner Geldbeutel oder Ihre Handschuhe. Nehmen Sie auf einem Spaziergang unbemerkt vom Hund einen Tannenzapfen auf, reiben Sie ihn in Ihren Händen, werfen Sie ihn wieder weg und schicken Sie Ihre Supernase auf

Bitte beachten Sie ...
Nicht jeder Hund ist für jedes Spiel zu begeistern. Stellen Sie fest, dass Ihr Chihuahua keinen Spaß an einem Spiel hat, wechseln Sie lieber zu einem anderen über. Diese Spiele sollen für beide Seiten eine lustige Abwechslung im Herr-Hund-Alltag sein und nicht in Drill und Frust ausarten.

Streife. Loben sie eifrig, wenn Ihr Chihuahua die richtige Richtung einschlägt. Hat er den Zapfen gefunden und nimmt er ihn auf, belohnen Sie ihn ausgiebig. Am Ende winkt natürlich ein Leckerli. Eine Abwandlung des Spiels besteht darin, dass Ihr Chihuahua aus einem ganzen Haufen von Tannenzapfen den herausfinden soll, den Sie vorher in der Hand hatten.

Selbst gemachtes Hundespielzeug

Jute- oder Lederspielzeug lässt sich leicht selber herstellen: Nehmen Sie hierfür einen alten Jutesack, füllen sie ihn mit etwas Holzwolle

Es muss nicht immer gekauftes Spielzeug sein. Für das Hundeglück reicht auch ein ausrangiertes T-Shirt mit Knoten in der Mitte.

Erste-Hilfe-Tipp

Hat Ihr Hund doch einmal aus Versehen ein gefährliches, spitzes oder scharfes Teil gefressen, füttern Sie als Erste-Hilfe-Maßnahme sofort rohes Sauerkraut; dies wickelt sich im Verdauungstrakt um den Gegenstand, sodass dieser, meist ohne weitere Schäden anzurichten, wieder ausgeschieden wird. Kontaktieren Sie zur Sicherheit aber trotzdem auch ihren Tierarzt.

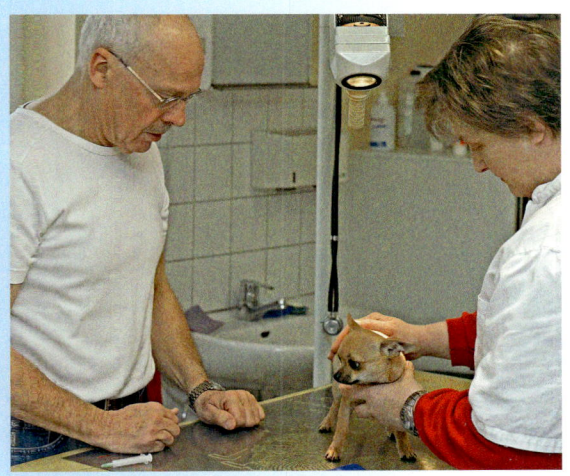

Gefährliches Hundespielzeug!

☠ *Alle spitzen und scharfkantigen Gegenstände sind als Hundespielzeug absolut ungeeignet; dies gilt auch für Spielzeug, in dem spitze Teile wie Nägel oder Drähte eingearbeitet sind.*

☠ *Gefährlich für Hunde ist Kinderspielzeug wie Legobausteine oder Stofftiere mit Glasaugen oder Knöpfen, die schnell abgerissen und gefressen sind.*

☠ *Ebenfalls absolut tabu sind Schnüre, dünne Nylonstrümpfe, Plastikbecher oder Luftballons.*

☠ *Zu schweren Verletzungen können Materialien führen, die leicht splittern oder zerbrechen, wie bestimmte Holzarten, Glas, Keramik oder manche Kunststoffteile.*

☠ *Verboten sind Äste von giftigen Sträuchern sowie lackierte Dinge.*

Bei all diesen Dingen drohen dem Hund nicht nur schwere Verletzungen im Maul, sondern auch im Magen-Darm-Trakt. Im schlimmsten Fall kann Ihr Vierbeiner ersticken oder einen Darmverschluss bekommen.

und binden Sie ihn mit einem Baumwollstrick fest zu. Lederreste ergeben zusammengenäht und ausgestopft ebenfalls ein interessantes Apportel. Ein ausrangiertes T-Shirt, ein abgetrenntes Jeansbein, ein ausgedienter Strumpf oder ein altes Handtuch sind, allesamt mit einem großen Knoten versehen, tolle Schleuderspielzeuge. Leere Pizzakartons ergeben lustige Frisbee®-Scheiben für den Hausgebrauch. Ihr Hund darf diese Flugobjekte am Ende sogar nach Herzenslust zerfetzen.

Mit einem gut erzogenen Chihuahua sind Sie fast überall ein gern gesehener Gast.

Der gemeinsame Alltag

Ein gut erzogener Chihuahua ist im Alltag ein toller Begleiter. Bestimmt freuen sich Ihre Freunde nicht nur über Ihren Besuch, sondern auch über Ihren vierbeinigen Gute-Laune-Bringer. Der gemeinsame Gang in ein Restaurant sowie das brave Unter-dem-Tisch-Liegen versteht sich für einen vierbeinigen Gentleman von selbst. Mit einem vorbildlichen Hund sind Sie ein gern gesehener Gast,

Als Familienhund bleibt der Chi nicht gerne über mehrere Stunden lang alleine. Fragen Sie doch mal Ihren Chef, ob Sie Ihren Hund mit ins Büro nehmen dürfen.

der fast schon negativ auffällt, wenn er einmal ohne seinen vierbeinigen Begleiter kommt. Die mittägliche Einkehr wird Ihrem Chihuahua mit einem wohlverdienten Kauröllchen versüßt. Ein anschließender Verdauungsspaziergang tut nicht nur Ihnen, sondern auch Ihrem Vierbeiner gut.

Viele Hunde sind wahre Autofetischisten, die einfach nur gerne mitfahren. Sichern Sie Ihren Chihuahua aber unbedingt ausreichend, ansonsten kann es im Falle eines Unfalls nicht nur gefährlich, sondern auch teuer werden, denn Tiere gelten im Auto rechtlich gesehen als Ladung. Inzwischen gibt es viele Sicherungssysteme, doch leider sind nicht alle wirklich empfehlenswert. Achten Sie bei der Auswahl am besten auf vorliegende Ergebnisse von Crashtests oder DIN-Prüfungen. Auch der ADAC hat eine Liste mit Vor- und Nachteilen unterschiedlicher Sicherungseinrichtungen wie Spezialsicherheitsgurte, Trenngitter, Transportboxen & Co. herausgegeben.

Ihr Chihuahua kann Sie selbstverständlich bei vielen weiteren Aktivitäten begleiten wie beispielsweise zu einem Ausflug an einen Badesee oder bei diversen Wintersportarten. Möglicherweise haben Sie auch einen hundefreundlichen Chef, der sich über einen vierbeinigen Mitarbeiter mit Aufgabenschwerpunkt „Verbesserung des Betriebsklimas" freut. Wichtig ist bei allem, dass Sie Ihren Hund ganz behutsam an die jeweils neue Situation heranführen. Sparen Sie dabei nie mit Lob. Trauen Sie ihm andererseits aber auch außerhalb Ihrer vier Wände ruhig ein ordentliches Auftreten zu. Probieren Sie es aus. Haben Sie Mut für gemeinsame Unternehmungen!

Hundesitter und -tagesstätten

Sollten Sie Ihren Chihuahua länger als fünf Stunden alleine lassen müssen, ist es besser, ihn bei einem Hundesitter unterzubringen. Idealerweise finden Sie jemanden im Freundes- oder Verwandtenkreis, der Ihren Chihuahua liebt und bei dem sich auch Ihr Hund wohlfühlt. Vielleicht kennen Sie auch eine hundebegeisterte Person, die selbst keinen Vierbeiner halten kann, aber hoch erfreut über gelegentlichen Hundebesuch ist.

Häufig sind Tiersitter auch Tierärzten, Tierschutzvereinen, Hundeschulen oder Zoofachhändlern bekannt. Empfehlenswert ist ebenfalls der Blick in die Kleinanzeigen Ihrer Tageszeitung oder ins Internet. Lassen Sie Ihren Chihuahua lieber von einem Profi betreuen, so wenden Sie sich an eine Hunde-Tagesstätte; hier sind meist mehrere Vierbeiner gleichzeitig „geparkt"; für gut sozialisierte Hunde ist dieser Aufenthalt ein großer Spaß, da sie hier viel Kontakt mit Artgenossen bekommen.

Tagesstätten sind häufig Hundepensionen oder -hotels angegliedert. Hier ist der Aufenthalt in der Regel teurer als bei einer privaten Stelle. Andererseits können Sie in professionellen Betrieben oftmals Extras wie Erziehungstraining, Tierarztbesuche oder Well-

Bei der Suche nach einem geeigneten Hundesitter sollten Sie sich unbedingt Zeit nehmen. Schließlich soll Ihr vierbeiniger Liebling viel Zeit dort verbringen und sich wohl fühlen.

nessprogramme buchen. Lassen Sie sich auf alle Fälle viel Zeit bei der Suche und Auswahl eines geeigneten Hundesitters. Sehen Sie sich vor Ort genau um und beobachten Sie gut, wie Mensch und Hund miteinander umgehen und aufeinander reagieren. Nur, wenn ein optimales Vertrauensverhältnis gegeben ist, werden sich beide Seiten wohlfühlen. Und nur dann können Sie beruhigt auch mal ohne Ihren Chihuahua unterwegs sein. Gewöhnen Sie Ihren Vierbeiner möglichst frühzeitig an die Unterbringung bei anderen Personen, dann fällt ihm später die vorübergehende Trennung von Ihnen nicht so schwer.

Längere Zeit mit der Familie rund um die Uhr zusammen sein – das ist der Traum eines jeden Chihuahuas.

Mit dem Chihuahua auf Reisen

Für einen Chihuahua ist Dabeisein alles, daher gibt es für ihn auch nichts Schöneres als Sie im Urlaub zu begleiten. Ein sicherer Garant für eine erholsame Reise ist in erster Linie eine gute Organisation im Vorfeld. Möchten Sie ins Ausland fahren, sprechen Sie unbedingt vor Ihren Ferien mit Ihrem Tierarzt; er wird Sie beraten und aufklären und Ihnen alle erforderlichen Medikamente mitgeben. Vergessen Sie nicht, den auf dem Mikrochip des Hundes enthaltenen Code spätestens vor einer geplanten Reise bei einem Tierregister (siehe Kapitel „Hilfreiche Adressen") eintragen zu lassen, damit Ihr Vierbeiner im Falle eines Verschwindens schneller wiedergefunden werden kann.

Internet-Tipp

Weitere interessante Hinweise zum Thema „Urlaub mit Hund" finden Sie unter:
www.ferien-mit-hund.de

Besorgen Sie rechtzeitig alle Grenzpapiere, fehlendes Reisezubehör und Hundefutter.

Haben Sie einen hundefreundlichen Urlaubsort gefunden, geht es an die Suche einer geeigneten Unterkunft. Wollen Sie ein All-Inclusive-Paket buchen, sind Sie mit einem tierfreundlichen Hotel gut beraten. Inzwischen gibt es sogar richtige Hundehotels, in denen sich Herr und Hund gleichermaßen verwöhnen lassen können; außerdem werden Hotels mit angegliederter Hundeschule immer beliebter. Gerade Singles treffen hier viele Gleichgesinnte und knüpfen schnell Kontakte.

Lieben Sie es dagegen ruhiger, sind Sie gern flexibel und können gut auf Luxus verzichten, empfiehlt sich ein Ferienhaus oder -wohnung.

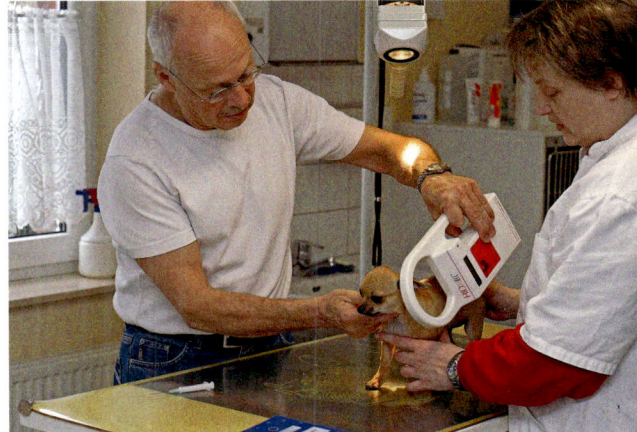

Lassen Sie den auf dem Mikrochip des Hundes enthaltenen Code spätestens vor einer geplanten Reise bei einem Tierregister eintragen.

Der Hundekoffer

Das gehört ins Hundegepäck:

✓ Leine und Halsband bzw. Geschirr
✓ Adressen-Schild fürs Halsband mit Urlaubsadresse und dem Reisezeitraum sowie der Heimatadresse
✓ Eventuell Transportbox
✓ Körbchen, Decke und Handtücher
✓ Spielzeug
✓ Frisches Trinkwasser und Näpfe
✓ Futter, Leckerli und Kauknochen
✓ Dosenöffner
✓ Bürste und/oder Noppenhandschuh
✓ Kottütchen
✓ Sonnenschutz
✓ Reiseapotheke
✓ EU-Impfpass/Grenzpapiere
✓ Versicherungsnummer und Anschrift der Haftpflichtversicherung

Hier sind Sie Ihr eigener Herr und haben für sich und Ihren Chihuahua viel Platz. Urige Camping- und Hüttenaufenthalte sowie Trekkingtouren mit Hund stellen für abenteuerlustige Outdoorfreaks mit sportlichen Chihuahuas eine reizvolle Alternative zum herkömmlichen Urlaub dar. Erkundigen Sie sich aber unbedingt vorab, ob Ihr Vierbeiner auch wirklich willkommen ist. Über das Internet oder das Tourismusbüro Ihres ausgewählten Ferienortes bekommen Sie entsprechende Adressen und Informationen.

Fahrplan für Vierbeiner

Die Wahl des passenden Verkehrsmittels gehört ebenfalls zu einer guten Urlaubsorganisation. Je nach Land und gewähltem Verkehrsmittel gibt es für die Mitnahme eines Hundes einiges zu beachten, schließlich soll schon die Anreise für alle Beteiligten stressfrei und entspannend sein. Am beliebtesten ist sicherlich die Fahrt mit dem Auto. Ihr Chihuahua benötigt hier unbedingt einen eigenen Platz, an dem er vorschriftsmäßig gesichert

Kleine Hunde wie der Chihuahua, die sich in einer Transporttasche oder -box befinden, fahren in der Bahn kostenlos.

Das gewohnte Körbchen sollte auf Reisen natürlich nicht fehlen.

ist. Achten Sie außerdem auf ausreichend Kühlung sowie Frischluft und Wasser. Vermeiden Sie jedoch Zugluft, denn die kann zu schweren Augenentzündungen und Erkältungen führen. Regelmäßige Gassi- und Trinkpausen sind ein Muss; halten Sie dafür immer Wasserflasche und -napf griffbereit. Füttern Sie Ihren Hund zuletzt maximal vier Stunden vor Reiseantritt, ansonsten liegt ihm sein Futter unterwegs schwer im Magen. Führt Ihre Strecke über Bergstraßen, bieten Sie Ihrem Vierbeiner bei häufigem Gähnen oder Hecheln ein paar Leckerli oder einen Kauknochen an, damit sich der unangenehme Druck auf den Ohren löst. Planen Sie auf jeden Fall genug Zeit für die Anreise ein, eventuell sogar mit Zwischenübernachtungen. Die besten Reisezeiten sind morgens und abends, eventuell sogar nachts. Versuchen Sie, Staugebiete zu umfahren. Kommen Sie trotzdem in einen Stau, verlassen Sie bei nächster Gelegenheit lieber die Autobahn für einen Spaziergang, bis sich der Stau wieder aufgelöst hat.

Tipp!

In Österreich und der Schweiz gelten für die Beförderung von Hunden ähnliche Bestimmungen wie in Deutschland. Nähere Informationen erhalten Sie bei der Österreichischen Bundesbahn (ÖBB) unter **www.oebb.at** *bzw. der Schweizer Bundesbahn (SBB) unter* **www.sbb.ch**

Tipp!

Lassen Sie Ihren Chihuahua an heißen Tagen nie im Auto zurück, auch dann nicht, wenn Sie nur eine kurze Toilettenpause benötigen. Selbst geöffnete Fenster verhindern nicht die enorme Aufheizung des Autos, das für den Vierbeiner schnell zur quälenden und tödlichen Falle werden kann.

Mit der Bahn unterwegs

Für die Fahrt in einem öffentlichen Verkehrsmittel ist ein guter Benimm Ihres Chihuahuas eine selbstverständliche Grundvoraussetzung. Außerdem ist eine gewisse Nervenstärke nötig, denn nicht nur auf dem Bahnsteig, sondern auch im Zug selber muss Ihr vierbeiniger Begleiter häufig mit Menschenmengen und großer Enge fertig werden. Gehen Sie vor der Abreise noch ausgiebig spazieren, damit Ihr Hund nicht nach einiger Zeit im Zug unruhig wird. Längere Aufenthalte sind für kleine Pinkelpausen nützlich. Nehmen Sie für den Notfall ein Kottütchen mit. Lassen Sie Ihren Chiuahua nie auf dem Bahnsteig frei laufen: durch das dortige Treiben könnte er schnell in Panik geraten und entwischen. In der Bahn

Bevorzugen Sie einen ruhigen Urlaub, sind Sie gern flexibel und können gut auf Luxus verzichten, empfiehlt sich ein Ferienhaus oder eine -wohnung am besten mit Garten.

ist ebenfalls Leinenzwang angesagt. Nehmen Sie Ihren Chihuahua bei zu großer Enge lieber auf den Arm oder transportieren Sie ihn gleich in einer sicheren Box, zu leicht kann er im Gewühl getreten und verletzt werden. Hunde in der Größe eines Chihuahuas, die auch in einer Transporttasche oder -box Platz haben, fahren übrigens kostenlos. Weitere Infos finden Sie im Internet unter: *www.bahn.de*

Unterwegs in Bus und Taxi

In vielen Städten gibt es spezielle Tiertaxis. Aber auch in normalen Taxis dürfen Hunde mitfahren; erwähnen Sie aber bereits bei der Bestellung, dass Sie ein Vierbeiner begleitet. Busfahren ist in manchen Städten für Hunde kostenlos, in anderen gilt der halbe Fahrpreis.

Fragen Sie entweder gleich vor Ort den Fahrer oder erkundigen Sie sich vorab beim örtlichen Fremdenverkehrsbüro.

„Eine Seefahrt, die ist lustig …"

Fährüberfahrten mit einer Dauer von ein bis drei Stunden stellen für Hundebesitzer meist kein Problem dar, weil der Vierbeiner in der Regel mit an Deck darf; allerdings kann dies auch von Land zu Land verschieden sein, erkundigen Sie sich also lieber vorab bei Ihrem Reiseveranstalter. Bei längeren Strecken sind Hunde häufig wegen fehlender Unterbringungsmöglichkeiten nicht zugelassen. Manche Fähren bieten inzwischen schon spezielle Hundekabinen an.

Grundsätzlich gilt auf Schiffen Leinenzwang, manchmal sogar Maulkorbpflicht. Vergessen Sie nicht Ihre Hundegrundausstattung wie Napf, Wasser, evtl. etwas Futter, eine Decke sowie den Impfpass und je nach Einreiseformalität ein Gesundheitszeugnis. Kreuzfahrten sind für Hunde tabu. Einzige Ausnahme: die „Queen Elisabeth II", sie hat ein eigenes Hundedeck.

Weitere Reise-Tipps

*Unter **www.partner-hund.de** finden Sie die verschiedensten Einreisebestimmungen für Reisen mit Hund ins Ausland; auch etliche Gesetze, die im Reiseland gelten, sind aufgeführt sowie diverse Inlandsbestimmungen, hundefreundliche Ferienquartiere, Reiseangebote, Checklisten, Zubehör und Bezugsquellen.*

Flugreisen mit Hund

Kleine Hunde bis zu einem Gewicht von 5 kg dürfen bei den meisten Fluggesellschaften im Passagierraum mitfliegen. Informieren Sie sich aber unbedingt vor der Flugbuchung über die Mitnahmebedingungen. Auch Blinden- und Behindertenbegleithunde können unabhängig von ihrer Größe bei ihrem Führer bleiben. Sprechen Sie vor einem Flug mit Ihrem Tierarzt und lassen Sie sich auf jeden Fall ein Beruhigungsmittel für Ihren Vierbeiner mitgeben, denn eine Flugreise bedeutet großen Stress für den Hund.

Weitere Informationen zum Thema bekommen Sie unter *www.flughund.de*

Der Chihuahua in der Pflegestelle

Haben Sie ein besonders weit entferntes oder heißes Urlaubsziel im Auge, ist es besser auf die Mitnahme Ihres Chihuahuas zu ver-

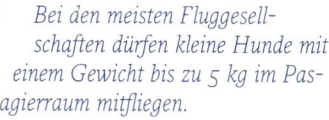

Bei den meisten Fluggesellschaften dürfen kleine Hunde mit einem Gewicht bis zu 5 kg im Passagierraum mitfliegen.

Packen Sie für alle Fälle eine Reiseapotheke für Ihren Hund ein.

zichten und ihn während Ihrer Abwesenheit zu Hause optimal unterzubringen. Auch diese Ferienvariante bedarf einer guten Vorbereitung; zunächst muss ein zuverlässiger, lieber Hundesitter oder eine kompetente Tierpension gefunden werden. Im Idealfall kann Ihr Chihuahua bei Verwandten oder Freunden bleiben. Oftmals nimmt der Züchter seinen ehemaligen Nachwuchs gern in Pflege; vielleicht kennt er aber auch jemanden, bei dem Ihr haariger Begleiter während Ihres Urlaubs gut aufgehoben ist. Professionelle Hundepensionen finden Sie über das Internet, das Branchenverzeichnis, Ihren Tierarzt, Tierschutzvereine, Zoofachgeschäfte, Hundevereine, den Kleinanzeigenteil Ihrer Tageszeitung oder Tierzeitschriften. Auch andere Hundebesitzer, die Ihren Vierbeiner ebenfalls schon in einer Pension untergebracht haben, können Ihnen entsprechende Tipps geben. Sogar Tierheime nehmen vorübergehende Pfleglinge auf; die Bezahlung ist hier für einen guten

Bringen Sie Ihren Chihuahua am besten schon zwei bis drei Tage vor Ihrer Reise in die Betreuungsstelle, damit Schwierigkeiten noch ausgeräumt werden können.

101

An dem Verhalten Ihres Vierbeiners merken Sie schnell, ob er sich in der Pflegestelle wohl fühlt und ob er zu seinen Ersatzeltern Vertrauen hat.

✚ Die Hunde-Reiseapotheke

- ✚ Eventuell benötigte Dauermedikamente
- ✚ Mittel gegen Reisekrankheit/Beruhigungsmittel (vom Tierarzt)
- ✚ Mittel gegen Durchfall
- ✚ Wundspray/Desinfektionsmittel
- ✚ Augen- und Ohrentropfen
- ✚ Floh- und Zeckenmittel
- ✚ Zeckenzange
- ✚ Schere
- ✚ Fieberthermometer
- ✚ Gaze, Verbandsmaterial
- ✚ Pfotenschutzschuh
- ✚ Rescue-Tropfen von Bach

Zweck, denn das Geld kommt gleichzeitig dem Tierschutz zu gute. Lassen Sie sich unbedingt viel Zeit für die Auswahl eines geeigneten Pflegeplatzes. Sehen Sie sich vor Ort genau um, sprechen Sie ausführlich mit der zuständigen Person und vereinbaren Sie vorab

Dieser kleine Kerl fühlt sich in seiner Pflegestelle sichtlich wohl.

am besten mehrere Treffen, damit sich Ihr Chihuahua und der vorübergehende Betreuer schon etwas kennenlernen.

Beobachten Sie das Verhalten Ihres Vierbeiners genau: schnell merken Sie, ob er sich in der neuen Umgebung wohl fühlt und ob er Vertrauen zu seinem möglichen Pfleger hat. Nehmen Sie Abstand von Hundepensionen, die nur auf Ihr Geld, nicht aber auf das Wohl Ihres Hundes aus sind. Zahlen Sie andererseits lieber mehr, wenn Ihnen der Pflegeplatz optimal erscheint. Haben Sie einen vertrauenswürdigen Hundesitter gefunden, schließen Sie mit ihm einen Vertrag ab. Sprechen Sie eventuelle Vorlieben, Abneigungen und Eigenheiten Ihres Chihuahuas an; informieren Sie ihn außerdem über die gewohnten Fütterungs- und Gassigehzeiten. Gehorcht Ihr Vierbeiner nicht absolut zuverlässig, bitten Sie den Pfleger, Ihren Hund beim Spaziergang nicht abzuleinen. Halten Sie alle wichtigen Informationen für den Sitter am besten schriftlich fest.

Damit eventuelle Schwierigkeiten noch vor Ihrer Abfahrt geklärt werden können, bringen Sie Ihren Chihuahua am besten schon zwei bis drei Tage vor Ihrer Reise in die Betreuungsstelle.

Der Hundekoffer für die Pflegestelle

- ✓ Leine und Halsband bzw. Geschirr
- ✓ Adressen-Schild fürs Halsband mit der Adresse des Hundesitters und der dortigen Aufenthaltszeit sowie der Heimatadresse
- ✓ Eventuell Transportbox/Hundegurt fürs Auto
- ✓ Körbchen, Decke und Handtücher
- ✓ Spielzeug
- ✓ Futter- und Wassernapf
- ✓ Futter, Leckerli und Kauknochen
- ✓ Eventuell nötige Medikamente
- ✓ Bürste und/oder Kamm
- ✓ Kottütchen
- ✓ Zeckenzange
- ✓ EU-Heimtierausweis
- ✓ Versicherungsnummer und Anschrift der Haftpflichtversicherung
- ✓ Ihre Urlaubsanschrift bzw. Handynummer für Notfälle
- ✓ Telefonnummer Ihres Tierarztes
- ✓ Liste mit Vorlieben, Abneigungen und Eigenheiten Ihres Hundes

Geben Sie ganz junge Hunde noch nicht für längere Zeit auf eine Pflegestelle.

Vorsorge

Vorbeugende Maß-
nahmen können zu
einem langen und
gesunden Hunde-
leben beitragen.

Viel Bewegung an der frischen Luft bei jedem Wetter ist eine bewährte Prophylaxe gegen Krankheitsanfälligkeit. Auf diese Weise härten Sie Ihren vierbeinigen Freund ab.

Neben einer optimalen Pflege, Ernährung und Auslastung gibt es weitere vorsorgende Maßnahmen, die zu einem langen, gesunden Hundeleben beitragen. Hierzu gehören natürlich regelmäßige Entwurmungen und Impfungen (siehe Kasten). Außerdem ist ein hygienisches Umfeld wichtig: achten Sie stets auf einen sauberen Futterplatz und gereinigte Näpfe. Waschen Sie auch das Hundebett öfters in der Maschine, damit Parasiten wie Milben oder Flöhe keine Überlebenschance haben. Suchen Sie Ihren Chihuahua zudem von Frühjahr bis Herbst täglich nach Zecken ab, denn diese könnten Ihren Hund mit Borreliose infizieren. Vor starkem Befall können spezielle Präparate schützen. Ihr Tierarzt berät Sie hierzu gerne.

Die Hausapotheke für Ihren Chihuahua

+ Eventuell nötige Dauermedikamente
+ Mittel gegen Durchfall
+ Wundspray
+ Desinfektionsmittel
+ Augen- und Ohrentropfen
+ Flohschutzmittel
+ Zeckenschutzmittel
+ Zeckenzange
+ Wurmkur
+ Schere
+ Fieberthermometer
+ Gaze, Verbandsmaterial
+ Pfotenschutzschuh
+ Vaseline gegen rissige Ballen
+ Rescue-Tropfen von Bach

105

Ein hundesicheres Zuhause gehört zu einer umfassenden Gesundheitsvorsorge. So ist der beste Schutz vor Unfällen die Vermeidung gefährlicher Situationen.

Entwurmung

Um Ihren Chihuahua vor Darmparasiten wie Band-, Rund-, Haken- und Peitschenwürmern zu schützen, mit denen er sich überall in freier Natur durch tote Wildtiere oder deren Kot infizieren kann, sind Entwurmungen nötig oder Sie lassen wenigstens alle drei Monate eine Kotprobe Ihres Hundes von Ihrem Tierarzt auf Würmer untersuchen. Nur so können Sie im Falle einer Infektion schnell handeln, schließlich ist eine Übertragung auf den Menschen ebenfalls möglich.

Eine Hausapotheke für Notfälle darf in keinem Hundehaushalt fehlen.

Eine bewährte Prophylaxe gegen Krankheitsanfälligkeit ist viel Bewegung an der frischen Luft bei jedem Wetter, denn auf diese Weise härten Sie Ihren Vierbeiner ab – und als positiver Nebeneffekt sich selbst gleich mit. Manchen gesundheitlichen Schwachstellen Ihres Hundes können Sie gut mit Alternativmedizin begegnen und dadurch Erkrankungen vorbeugen. Hier leistet beispielsweise die Homöopathie hervorragende Dienste. So unterstützt Echinacea wirkungsvoll ein geschwächtes Immunsystem. Bei einer schon bestehenden Erkältung können Gelsemium, Eupatorium oder Bryonia helfen und eine Verschlimmerung verhindern. Zur Verbesserung des Allgemeinbefindens wird China oder Mucosa verabreicht. Weitere wirksame Rezepte hält die Kräutermedizin parat. So tun Salbei-Tee und -Honig Ihrem Hund bei Husten gut. Auch Löwenzahn- und Spitzwegerich-Honig sind empfehlenswert. Geben Sie in der Akutphase mehrmals täglich einen Teelöffel. Anfällige, alte oder geschwächte Tiere bekommen durch Zufütterung von Vitamin-C-reichem Hagebutten- oder Holunderbeerenmus neuen Schwung. Zur allgemeinen Stärkung ist Rosmarin sehr gut geeignet. Brennnessel und Löwenzahn kurbeln den

Stoffwechsel an und sorgen auf diese Weise für eine bessere Fitness.

Reiben Sie rissige Ballen mit Kamillen- oder Ringelblumensalbe ein, damit sie sich nicht entzünden. Ebenso bewährt haben sich Johanniskraut- und Lavendelöl.

Behandeln Sie eine durch Schneefressen verursachte Magenreizung mit Kamillen-Tee; er wirkt entzündungshemmend und beruhigt die Schleimhaut. Legen Sie bei Bauchschmerzen warme, entspannende Kamillen-Umschläge auf den Hundebauch.

Natürlich gehört auch ein hundesicheres Zuhause zu einer umfassenden Gesundheitsvorsorge. So ist der beste Schutz vor Unfällen die Vermeidung gefährlicher Situationen. Was Sie dabei in Ihrer Wohnung und Ihrem Garten alles beachten müssen, lesen Sie im Kapitel „Welpensicheres Zuhause". Wenn Ihr Chihuahua nicht zuverlässig folgt, leinen Sie ihn in unsicherem Gelände nie ab: zu schnell kommt es zu einer Katastrophe. Ein wirkungsvoller Schutz vor Vergiftungen ist, Ihrem Hund schon frühzeitig beizubringen, nur auf Befehl hin zu fressen. So nimmt er auch unterwegs nichts Unerlaubtes und eventuell Gefährliches auf.

Physiologische Daten eines Chihuahuas

Körpertemperatur 38 bis 39 °C (bei Welpen bis zu 39,3 °C)

Atemfrequenz 30 bis 50 Züge pro Minute

Pulsfrequenz 90 bis 120 pro Minute

Schleimhaut: rosa, feucht, glatt und glänzend, ohne Auflagerungen

Bei Stress und/oder körperlicher Belastung steigen diese Werte an

Impfungen

Damit Ihr Vierbeiner vor einigen sehr gefährlichen Infektionskrankheiten geschützt ist, sind Impfungen wichtig. Zwar kann auch ein geimpfter Hund noch an den diversen Erregern erkranken, der Krankheitsverlauf selbst ist dann aber nur leicht, schließlich hatte das Immunsystem durch die Impfung vorab schon die Möglichkeit, sich durch die Bildung von entsprechenden Antikörpern auf die Erregerbekämpfung vorzubereiten.

Folgendes Impfschema ist angeraten:

6. bis 8. Woche *Parvovirose und Staupe*

8. Woche *Hepatitis c.c., Leptospirose und Zwingerhusten*

10. bis 12. Woche *Auffrischung Parvovirose und Staupe*

12. Woche *Auffrischung Hepatitis c.c., Leptosirose und Zwingerhusten*

ab 12. Woche *Tollwut*

*Das vom VDH und Tierärzten empfohlene Impfschema empfiehlt **mit 16 Wochen eine weitere Impfung:** Parvovirose, Staupe, Hepatitis, Leptospirose, Zwingerhusten, Tollwut*

alle ein bis drei Jahre (je nach Hersteller) eine Auffrischungsimpfung *Parvovirose, Staupe, Hepatitis c.c., Leptospirose, Zwingerhusten, Tollwut*

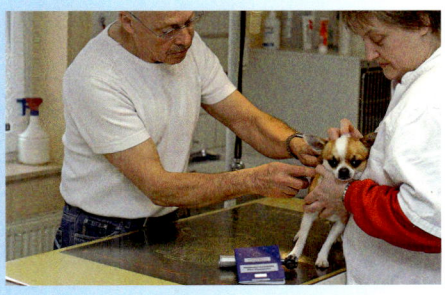

Bekannte Krankheitsbilder

Der Chihuahua gilt grundsätzlich als sehr robuste, gesunde und langlebige Rasse, vorausgesetzt, er wird nicht zu klein gezüchtet.

Je eher Sie eine Krankheit bei Ihrem Chihuahua erkennen, umso besser. Beobachten Sie daher Ihren Hund gut und reagieren Sie bereits bei den ersten Anzeichen einer Erkrankung. Suchen Sie frühzeitig einen Tierarzt auf, hat Ihr Vierbeiner grundsätzlich die besten Heilungschancen.

Nachfolgend stellen wir einige bekannte Krankheitsbilder vor, grundsätzlich ist der Chihuahua aber eine sehr robuste, gesunde Rasse.

Patellaluxation

Patellaluxation bedeutet eine plötzliche Verlagerung der Kniescheibe aus ihrer Gleitrinne im Oberschenkelknochen. Mögliche Ursachen sind eine zu flach ausgebildete Gleitrinne und Abweichungen in der Knochenachse zwischen Ober- und Unterschenkel. Die Erkrankung ist vererbbar und tritt meist während des Wachstums im ersten Lebensjahr zutage. In etwa

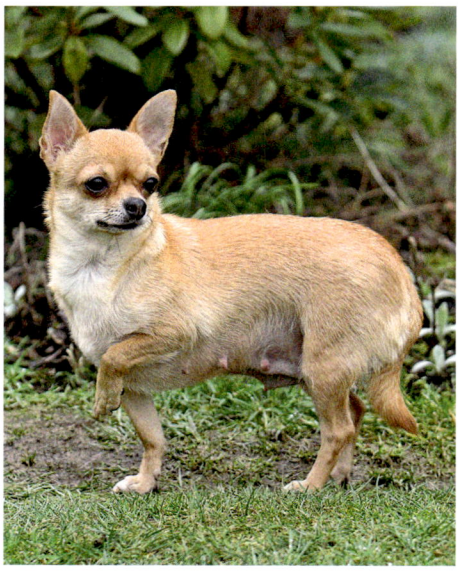

Eine Patellaluxation kommt gehäuft bei Zwergrassen vor. In den VDH-Vereinen, die den Chihuahua betreuen, wird seit Jahren auf gesunde, stabile Knie selektiert.

80 % der Fälle und gehäuft bei Zwerghunderassen luxiert die Kniescheibe nach innen (mediale Luxation). Bei wiederholtem Auftreten können schmerzhafte Gelenkentzündungen und Knorpelschäden entstehen, die dann wiederum zu Lahmheit und Hochhalten des betroffenen Beins führen. Springt die Kniescheibe in ihre normale Position zurück, wird das Bein wieder normal belastet. Um schwere Gelenkschäden zu vermeiden, ist eine frühzeitige Behandlung angeraten. In einem frühen Stadium ist meist keine Operation notwendig; später müssen die Gleitrinne der Kniescheibe operativ vertieft und die Ansatzstelle des geraden Kniescheibenbandes versetzt werden.

In den dem VDH angehörenden Vereinen, die den Chihuahua betreuen, wird seit Jahren auf gesunde, stabile Knie selektiert.

Lassen Sie sich von Ihrem Tierarzt ein Notfallset für Ihren Hund zusammenstellen.

Herzschwäche im Alter

Ab einem Alter von etwa acht Jahren kann bei Chihuahuas, wie bei anderen Zwerghunderassen auch, eine Herzschwäche infolge einer Mitralklappeninsuffizienz auftreten. Die Mitralklappe schließt dann nicht mehr richtig, weshalb Blut in den Vorhof zurückfließt; der Herzmuskel muss nun stärker arbeiten, um dem Rückfluss entgegenzuwirken; dadurch kommt es im Laufe der Zeit zu einer Herzvergrößerung. Wird dieses Problem frühzeitig erkannt, ist es gut mit Medikamenten zu behandeln; die Hunde können damit trotzdem noch viele Jahre leben. Ein regelmäßiges, aufmerksames Abhören durch den Tierarzt sowie eine Ultraschalluntersuchung des Herzens ab dem achten Lebensjahr ist bei einem Chihuahua also schon vorbeugend ratsam.

Zahnstein

Zwerghunderassen wie der Chihuahua neigen vermehrt zu Zahnsteinbildung. Häufig tritt die-

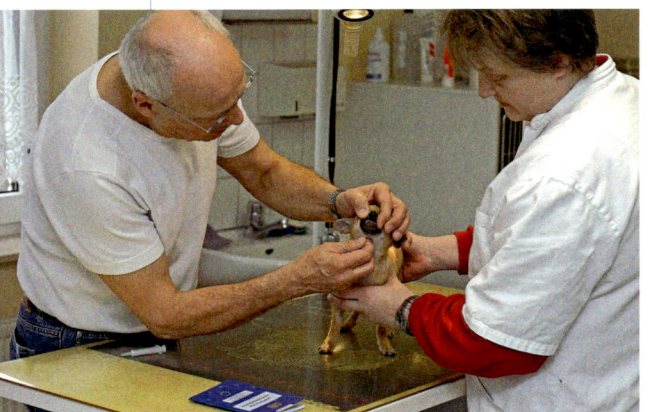

Eine regelmäßige Zahnpflege ist wichtig, weil der Chihuahua zur Zahnsteinbildung neigt.

ses Problem schon bei relativ jungen Hunden auf. Eine regelmäßige Zahnpflege ist also beim Chihuahua wichtig; dies kann mit hartem Futter (Trockenfutter, harte Leckerlis, Kauröllchen, Zahnpflege-Stripes) geschehen, aber auch durch regelmäßiges Zähneputzen mit einer speziellen Zahnbürste- und -pasta. Schwerer Zahnstein muss regelmäßig vom Tierarzt entfernt werden, da die daraus resultierende, vermehrte Bakterienansiedlung an den Zähnen nicht nur Zahnfleischentzündungen, Zahnfäule und Zahnausfall, sondern auch Schädigungen im gesamten Organismus zur Folge haben kann.

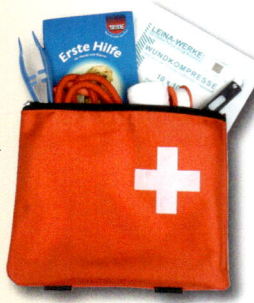

Notfall-Set

+ Elastische Mullbinden
+ Sterile Gaze
+ Selbstklebende Verbände
+ Watte
+ Pflasterrolle
+ Verbandsschere
+ Wunddesinfektionsmittel
+ Antiseptisches Puder
+ Brand- und Antihistamin-Salbe
+ Heparin-Salbe
+ Digitales Fieberthermometer
+ Taschenlampe
+ Brandwundentuch
+ Decke
+ Eventuell Maulkorb
+ Ersatzleine
+ Einmalhandschuhe

Alternative Heilmethoden

In der Naturheilkunde werden die Hunde ganzheitlich behandelt.

Auch im tiertherapeutischen Sektor sind alternative Heilmethoden zunehmend im Kommen. Bei manchen Krankheiten kann eine schulmedizinische Behandlung durch alternative Verfahren ersetzt werden. Meist dauert solch eine Therapie zwar länger, andererseits ist sie jedoch deutlich nebenwirkungsärmer. Bei chronischen Erkrankungen hat sich der Einsatz alternativer Heilmethoden ebenfalls bewährt. In schweren Krankheitsfällen können natürliche Verfahren mit der Schulmedizin kombiniert werden und so zusätzliche Linderung verschaffen. Im Folgenden stellen wir Ihnen einige bewährte Heilmethoden vor.

Homöopathie

Die Homöopathie, die von dem Arzt Samuel Hahnemann (1755–1843) begründet wurde, betrachtet den Menschen bzw. das Tier als Ganzes. Hier spielt nicht nur das akute körperliche Symptom eine Rolle, sondern die gesamte Persönlichkeit des Tieres mit all ihren körperlichen und seelischen Eigenheiten. Um das passende Mittel zu finden, sind also neben dem Leitsymptom auch der Wesenstyp, die Entstehung der Krankheit, der augenblickliche Zustand und weitere Besonderheiten des Patienten zu beachten. Dabei gilt der Grundsatz: Ähnliches ist mit Ähnlichem zu heilen. Homöopathika stammen überwiegend aus dem Pflanzenreich; man verwendet aber auch Mineralien, Stoffe aus dem Tierreich, Metalle und Nosoden. Mithilfe von Wasser, Alkohol oder Milchzucker entstehen aus den natürlichen Stoffen Ursubstanzen. Diese Ursubstanzen werden nach den Angaben Hahnemanns durch entsprechende Verdünnungen zu Dezimalpotenzen (z.B. D-, C-, LM-Potenzen) verarbeitet, die der Therapeut schließlich je nach Schweregrad der Erkrankung zur Behandlung einsetzt.

Homöopathische Arzneimittel gibt es als Tropfen, Tabletten, Globuli (Streukügelchen) oder Injektionslösungen. Neben den reinen Substanzen sind auch etliche homöopathische Mischpräparate erhältlich.

Phytotherapie

Unter Phytotherapie oder Pflanzenheilkunde versteht man die Lehre der Verwendung von Heilpflanzen als Medikament. Sie gehört zu den ältesten medizinischen Therapien und ist auf der ganzen Welt in allen Kulturen verbreitet. Zum Einsatz kommen dabei ganze Pflanzen und deren

Teile (Blüten, Blätter, Wurzel), die auf verschiedene Weise (als Frischkraut, Aufguss, Auskochung, Kaltwasserauszug und Pulverisierung) zu einem Medikament verarbeitet werden. Meist verwendet der Phytotherapeut Stoffgemische, die sich bereits bewährt haben. Auch die Homöopathie nutzt auf pflanzlicher Ebene die Erkenntnisse der Phytotherapie.

Akupunktur

Die Akupunktur ist ein Teilgebiet der Traditionellen Chinesischen Medizin (TCM). Man geht hier von über 300 Akupunkturpunkten aus, die auf verschiedenen Meridianen (= Energiebahnen) des Körpers angeordnet sind. Durch das Einstechen von speziellen Akupunkturnadeln erwärmen sich die gestochenen Punkte und bringen das Qi (= Lebensenergie) wie-

Wird eine Krankheit rechtzeitig erkannt, kann eine schulmedizinische Behandlung häufig völlig durch alternative Verfahren ersetzt werden.

Eine Behandlung mit Akupunktur ist für viele Schmerzpatienten die letzte Möglichkeit, wieder beschwerdefrei laufen zu können und das Leben wieder zu genießen.

Osteopathie

Die Osteopathie ist eine sanfte Methode, mit deren Hilfe die Selbstheilungskräfte des Körpers neu aktiviert werden. Auch der Osteotherapeut arbeitet ganzheitlich; nach einem ausführlichen Gespräch über den Patienten und dessen Beschwerden erspürt er mit seinen Händen Körperblockaden, die er anschließend durch bestimmte Berührungstechniken auflöst (meist sind mehrere Anwendungen nötig). Auf diese Weise kommt das Körpergewebe wieder ins Gleichgewicht und alle Körperflüssigkeiten zurück in ihren natürlichen Fluss. Osteopathie wird vor allem bei Schmerzpatienten erfolgreich angewendet, wobei der Schmerz meist nur ein Symptom einer tiefer liegenden Erkrankung bzw. Blockade ist. Immer mehr Tierphysiotherapeuten bieten zusätzlich zu ihrem herkömmlichen Leistungsspektrum Osteopathie an.

der in einen intakten Fluss. Die Akupunktur gehört zu den Umsteuerungs- und Regulationstherapien. Eine Sitzung dauert ca. 20 bis 30 Minuten. Der Patient wird dabei ruhig und entspannt gelagert. Eine komplette Therapie umfasst in der Regel 10 bis 15 Sitzungen. Die Akupunktur hat sich vor allem bei Schmerzpatienten bewährt. Für Hunde mit HD oder anderen Gelenkproblemen ist dies oft die letzte Chance, schmerzfrei zu werden. Eine Spezialform der Akupunktur ist die Goldakupunktur: dabei werden kleine Goldkügelchen minimalinvasiv unter Narkose in bestimmte Akupunkturpunkte eingesetzt. Diese Goldkugeln bewirken eine Dauerakupunktur; die Schmerzleitung wird dadurch gehemmt und das Tier läuft somit wieder beschwerdefrei. Der Eingriff ist einmalig und wirkt in der Regel ein Leben lang. Die Goldakupunktur führt nicht jeder Tierarzt durch; Voraussetzung ist eine Ausbildung sowie langjährige Erfahrung in Akupunktur, ganzheitlicher Orthopädie und Chirurgie. Tierärzte mit der Zusatzbezeichnung „Akupunktur" sind bei den einzelnen Landestierärztekammern zu erfahren.

Neben der Akupunktur wird auch die Osteopathie sehr erfolgreich bei der Behandlung von Schmerzpatienten eingesetzt.

Was ändert sich im Alter?

Hundesenioren gebührt besondere Aufmerksamkeit. Sie haben sich nach ereignisreichen Jahren des Zusammenlebens mit uns einen besonders schönen Lebensabend verdient.

Auch mit einem Hundesenior sind gemeinsame Ausflüge und Abenteuerspaziergänge möglich. Tragen Sie aber seinem geringeren Bewegungsbedürfnis Rechnung.

Ein Chihuahua altert etwa ab dem 10. Lebensjahr. Dies macht sich nicht nur durch äußere Anzeichen wie dem zunehmenden Grauwerden um Schnauze und Augen bemerkbar, sondern auch durch bestimmte Wesensveränderungen und Alterswehwehchen. Ihr Chihuahua wird nun gelassener und ruhiger; er hat ein höheres Schlafbedürfnis als früher, sein Bewegungsdrang nimmt allmählich ab. Oftmals reagieren ältere Vierbeiner weniger flexibel auf Veränderungen. Ebenfalls häufig zu erkennen ist eine verstärkte Anhänglichkeit, nächtliche Unruhe und ein geringeres Interesse an Artgenossen. Manche Hunde zeigen sich sogar schrullig und legen plötzlich bestimmte Marotten an den Tag, die sie vorher nicht hatten. Ursache hierfür können Verkalkungen im Gehirn sein, die eine Senilität bewirken. Jetzt ist mehr denn je Ihr Humor und Ihre Lockerheit gefragt; zwar sollten Sie selbst mit einem alten Vierbeiner konsequent sein, trotzdem darf hier und da ein Augenzwinkern nicht fehlen.

Auch die Leistung der Sinnesorgane lässt allmählich nach: Ihr Chihuahua hört, sieht und riecht nun schlechter als früher. Viele Hunde zeigen außerdem eine erhöhte Neigung zu Übergewicht. Um den gefährlichen Folgen des Dickwerdens wie Gelenkschäden oder Herz-Kreislauf-Störungen vorzubeugen, ist eine altersangepasste Ernährung nötig.

Trotz aller Veränderungen ist es wichtig, dass Sie Ihren vierbeinigen Senior nicht als alt, senil und „unbrauchbar" abstempeln.

Der richtige Umgang

Wer rastet, der rostet

Ihr Chihuahua altert schneller, wenn er sich abgeschoben fühlt und nicht mehr altersangemessen gefordert wird. „Wer rastet, der rostet" gilt also auch für alte Hunde, daher ist körperliche Aktivität besonders wichtig. Sie bringt nicht nur den Kreislauf in Schwung, auch Muskeln und Gelenke bleiben beweglich. Ebenso wird die Durchblutung aller Organe angeregt und eine optimale Sauerstoffversorgung gewährleistet. Der zusätzliche Abbau von Stresshormonen führt zu ausgeglichener Zufriedenheit. Art und Umfang der Bewegung sollten Sie nach den individuellen Bedürfnissen, der Fitness und der allgemeinen, bis dahin erworbenen Kondition Ihres Chihuahuas ausrichten. Gehen Sie sensibel auf den Aktivitätsdrang Ihres Vierbeiners ein; beobachten Sie ihn gut und überfordern Sie ihn nicht. Ein Spaziergang, auf dem Ihr bellender Senior über sein Tempo und eventuelle Toberunden selber bestimmen darf, ist besser als eine Joggingrunde, bei der Ihr alter Freund nur mühsam Schritt halten kann. War Ihr Rentnerhund sein Leben lang begeisterter Agility-Sportler, hat er bei entsprechender körperlicher Verfassung auch noch im Alter Spaß daran, einen Parcours mit niedrigeren Hindernissen zu überqueren; untrainierte Vierbeiner sollten Sie jedoch nicht von heute auf morgen anstrengenden und ungewohnten Aktivitäten aussetzen.

Bei Spaziergängen ist Regelmäßigkeit und Gleichmäßigkeit sehr wichtig; das heißt: gehen Sie mit einem alten Chihuahua lieber mehrmals täglich eine halbe Stunde spazieren, als einmal am Tag ganz lang. Diese Kontinuität sollten Sie auch am Wochenende und im Urlaub beibehalten, damit der Grad der Belastung einheitlich bleibt. Achten Sie außerdem darauf, dass Ihr Senior vor einer Übungseinheit auf dem Hundeplatz oder einer Toberunde mit Artgenossen genügend aufgewärmt ist. Ein unvorbereiteter Kaltstart belastet Herz, Kreislauf, Muskeln, Bänder und Gelenke zu stark. Führen Sie Ihren Chihuahua lieber erst in gleichmäßigem Schritt- und Trabtempo an der Leine spazieren, ehe er sich richtig auspowern darf. Im Anschluss an eine sportliche Betätigung sollte Ihr Senior ebenfalls in ruhigem Tempo wieder abkühlen können.

Fitmacher „Spielen"

Fordert Ihr bellender Rentner Sie noch zum Spielen auf, machen Sie ihm die Freude und gehen Sie darauf ein; so fühlt er sich wichtig und dazugehörig. Respektieren Sie allerdings die Tatsache, dass ältere Hunde schneller die Lust am Spielen verlieren als Jungspunde; an manchen Tagen ist Ihr betagter Freund vielleicht überhaupt nicht zum Spielen aufgelegt. Möchte Ihr Senior von heute auf morgen nicht mehr spielen, lassen Sie ihn vom Tierarzt untersuchen, denn eventuell verdirbt ihm ein akutes gesundheitliches Problem den Spaß.

Links: Vor sportlichen Aktivitäten oder einer Toberunde mit Artgenossen sollte Ihr Senior genügend aufgewärmt sein.

Rechts: Ein toller Sommersport für alte Hunde ist Schwimmen, dies ist bei Chihuahuas allerdings Geschmacksache.

Regelmäßige Bewegung ist wichtig

Damit Gelenke, Muskeln und Bänder nicht überbelastet werden, ist eine gleichbleibende Bewegungsabfolge empfehlenswerter als ein wildes Ballspiel, bei dem der Hund abrupt starten und wieder abbremsen muss.

Extrem Kreislauf belastend sind hohe, schwüle Sommertemperaturen; verlegen Sie Spaziergänge und sportliche Aktivitäten mit Ihrem wedelnden Rentner an solchen Tagen also lieber auf die kühlen Morgen- und Abendstunden.

Ein toller Sommersport für alte Hunde ist Schwimmen, dies ist bei Chihuahuas allerdings Geschmacksache. Der beim Schwimmen ausgeführte gleichmäßige Bewegungsablauf schont den Kreislauf und die Gelenke. Ihr Chihuahua kann hier auch sein Tempo und das Maß der Bewegung gut selbst bestimmen. Nichtschwimmer plantschen vielleicht lieber à la Kneipp. Nutzen Sie in der warmen Jahreszeit also jeden Bach oder Teich, an dem sie vorbeikommen. Rubbeln Sie einen empfindlichen Hund an kühlen Tagen jedoch unbedingt gut trocken, denn Nässe und Wind führen schnell zu einer gefährlichen Lungenentzündung oder einem schmerzhaften Rheumaschub. Für die kalten Wintermonate stehen vereinzelt Hundeschwimmbäder zur Verfügung; diese sind in der Regel einer Praxis für Tierphysiotherapie angeschlossen.

Hat Ihr Vierbeiner bereits körperliche Beschwerden, bedeutet dies nicht automatisch ein generelles Bewegungsverbot. Bei etlichen chronischen Erkrankungen trägt ein individuell abgestimmtes Mobilitätsprogramm oft

Allroundhelfer „Spaziergang"

Regelmäßiges Spazierengehen ist für alte Hunde toll und sehr wichtig. Der Vierbeiner kann hier sein Tempo selbst bestimmen; die Bewegungsabläufe sind in der Regel gleichmäßig. Außerdem hält ein Gang an der frischen Luft viele Sinneseindrücke parat: Ihr Senior hat Kontakt zu Artgenossen und zu anderen Menschen; außerdem nimmt er unterschiedliche Gerüche wahr („Zeitung lesen"). Und: Die Bewegung draußen bei jedem Wetter stärkt das Immunsystem; empfindliche Hunde sollten Sie jedoch bei Nässe und Kälte mit einem speziellen Hundemantel vor einer Erkältung oder einem Rheumaschub schützen. Ein Spaziergang wird abwechslungsreicher, wenn Sie unterwegs kleine Spielchen oder Gehorsamkeitsübungen einstreuen; nehmen Sie es Ihrem Rentner aber nicht krumm, wenn er mal einen schlechteren Tag und somit keine Lust auf Gaudi hat. Stecken Sie zur Belohnung immer die Lieblingsleckerlis Ihres bellenden Freundes ein. Auch die regelmäßige Verabredung mit anderen Hundebesitzern macht die tägliche Bewegung kurzweiliger.

sogar zur Besserung bei. In der Akutphase kann allerdings vorübergehende Ruhe nötig sein. In einem solchen Fall sprechen Sie sich am besten mit Ihrem Tierarzt. Er klärt Sie je nach Art und Schwere des Leidens Ihres Chihuahuas darüber auf, welche Bewegungen erlaubt und welche verboten sind. Eine gezielte Physiotherapie hilft bei Krankheiten des Bewegungsapparates.

Beschäftigungstipps für Seniorhunde

Gerade Chihuahuas sind bis ins hohe Alter verspielt; meist toben sie zwar nicht mehr mit Artgenossen, dafür albern sie immer noch gerne in kurzen Sequenzen mit Herrchen oder

sundheitszustand sowie die bis dahin erworbene Kondition: Leidet ein Hund unter Arthrose, darf er beispielsweise keine Hindernisse überspringen, kann dafür aber noch leichte Gegenstände apportieren oder eine Fährte erschnüffeln. Diverse Zipperlein sind also noch kein Grund, generell auf Spiel und Spaß zu verzichten; mit etwas Fantasie, viel Einfühlungsvermögen und Humor findet man genügend Möglichkeiten, auch einen Seniorhund altersangemessen zu fordern.

🐕 *Apportieren steht bei vielen älteren Freaks ebenfalls noch hoch im Kurs; mit Rücksicht auf den schon abgenützten Bewegungsapparat des Hundes sollten die zu bringenden*

Ein täglicher Slalom durch Ihre Beine verhilft Ihrem afgewärmten Seniorhund zu mehr Beweglichkeit.

Frauchen herum. Für ältere Vierbeiner bringt Spielen nicht nur Spaß, sondern es hat sogar einen therapeutischen Nutzen: Es bedeutet Ablenkung von kleineren Alterswehwehchen sowie Stärkung des altersmäßig häufig angeknacksten Selbstbewusstseins, denn der bellende Senior steht plötzlich wieder ganz im Mittelpunkt und erhält viel Lob, das zu neuem Stolz verhilft. Viele graue Schnauzen fallen durch ein lustiges Spiel sogar regelrecht in einen Jungbrunnen. Und: Hunde, die ihr Leben lang spielerisch gefordert wurden, bleiben generell länger fit und gesund. Das Spiel mit älteren Vierbeinern verlangt natürlich erhöhte Rücksichtnahme auf den aktuellen Ge-

Gegenstände allerdings wenig wiegen. Ansonsten sind Ihrer Fantasie kaum Grenzen gesetzt: ob ein Socken, Handschuh oder Schaumgummiball, Ihr kleiner Gentleman wird Sie sicherlich nicht enttäuschen.

🐕 *Haben Sie einen alternden, aber noch fitten Sportler im Haus, lassen Sie ihn über niedrige Hürden springen, wie beispielsweise zwei mit etwas Abstand auf dem Boden gegenüberliegende Besenstiele, deren Zwischenraum er nicht berühren darf.*

🐕 *Ein Slalom ist ebenfalls für Seniorhunde geeignet: er besteht beispielsweise aus in den*

Schnüffelspiele fördern die Sinne und die Konzentrationsfähigkeit Ihres vierbeinigen Rentners – außerdem hat er jede Menge Spaß dabei.

Auch viele Seniorhunde haben noch Spaß am Spielen, außerdem schweißt es Sie und Ihren Liebling noch enger zu einem tollen Team zusammen.

Boden gesteckten Wander- oder Skistöcken, sowie Sonnenschirmständern oder einfachen Ziegelsteinen.

🐕 Ein oder zwei hintereinander aufgestellte und mit einem Bettlaken abgedeckte Stühle ergeben einen interessanten Tunnel. Auch ein Umzugskarton eignet sich als „Röhre", die ein älterer Chihuahua gut auf Kommando durchqueren kann.

🐕 Bieten Sie Ihrem vierbeinigen Rentner Schnüffelspiele an, die seine Sinne und die Konzentrationsfähigkeit fördern. Da die Riechleistung im Alter abnimmt, sind stark duftende „Lockstoffe" wie getrockneter Pansen empfehlenswert, mit dem Sie beispielsweise eine Fährte durch den Garten legen können.

🐕 Hat Ihr Vierbeiner im Laufe seines Lebens Kunststückchen gelernt, fragen Sie diese immer wieder ab, denn das hält geistig fit. Hunde, die hier über Jahre hinweg trainiert wurden, lernen selbst noch im Alter problemlos neue Tricks. Aber auch für eher ungeübte Rentner ist eine Neueinstudierung leichter Übungen wie Pfotegeben oder Sich-Schlafend-Stellen machbar und sinnvoll,

denn durch Kopfarbeit bleiben ergraute Schnauzen deutlich länger jung. Selbst die wiederholte Abfrage des Grundgehorsams ist für alte Hunde eine wichtige Bestätigung.

Das gemeinsame Spielen mit einem Seniorhund bringt nicht nur viel Spaß und neue Lebensfreude, sondern schweißt Sie noch enger zu einem tollen Team zusammen. Nützen Sie die Zeit miteinander so lange es geht!

Pflege und Wellness

Richtig verwöhnen können Sie Ihren vierbeinigen Liebling mit einigen Anwendungen aus dem Wellnessbereich. So wird durch eine entspannende Bürstenmassage beispielsweise nicht nur abgestorbenes Haar herausgekämmt, sondern auch die vermehrte Durchblutung der Haut angeregt. Intensives Streicheln wirkt ebenfalls wie eine angenehme, vitalisierende Massage. Massieren Sie Ihren Chihuahua sanft mit kreisförmigen Bewegungen. Lockernd wirkt ein leichtes Kneten und Rollen von Haut und Muskeln. Die Aromatherapie kann Hundesenioren zu neuer Energie verhelfen; sie stärkt den Kreislauf, aktiviert die Abwehrkräfte und fördert die seelische Ausgegli-

119

Pflege-Tipps für Seniorhunde

✓ *Bürsten bzw. kämmen Sie Ihren Chihuahua regelmäßig.*

✓ *Kontrollieren Sie die Haut auf Veränderungen und eventuelle Liegeschwielen, außerdem die Krallen.*

✓ *Regelmäßige Zahnkontrolle sowie Zähneputzen sind empfehlenswert, denn Prophylaxe schützt wirksam vor vielen Zahnproblemen.*

✓ *Tasten Sie Ihren Senior wöchentlich nach eventuellen Veränderungen ab.*

✓ *Reinigen Sie regelmäßig Augen, Ohren, Scham bzw. Penis.*

✓ *Lassen Sie auch den älteren Chihuahua alle drei bis vier Monate auf einen Wurmbefall hin untersuchen.*

✓ *Rauchen Sie nicht in der Gegenwart Ihres Hundes, denn Passivrauchen beschleunigt den Alterungsprozess.*

✓ *Geben Sie Ihrem Vierbeiner einen warmen, weichen und vor Zugluft geschützten Schlafplatz, den Sie hygienisch sauber halten.*

✓ *Gehen Sie ein- bis zweimal im Jahr mit Ihrem Hund zur Altersvorsorgeuntersuchung zu Ihrem Tierarzt.*

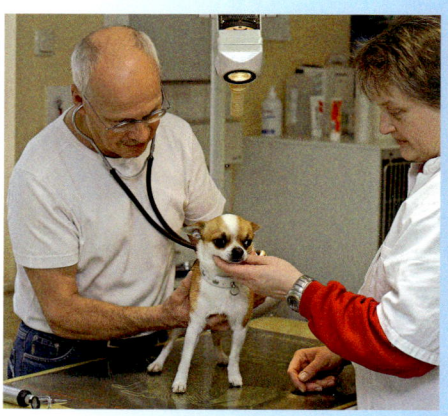

chenheit. Außerdem wird ihr eine besonders erfrischende Wirkung nachgesagt. Geben Sie einige Tropfen der ätherischen Öle entweder in eine Duftlampe, in ein Kräutersäckchen oder direkt auf den Liegeplatz des Hundes, allerdings sehr sparsam dosiert (2 bis 3 Tropfen), damit die feine Hundenase den Geruch nicht als störend empfindet. Für ältere Vierbeiner sind besonders Lavendel, Zitrone, Grapefruit, Orange, Geranium und Muskatellersalbei empfehlenswert, denn sie haben auf den gesamten Organismus eine stärkende und aufbauende Wirkung.

Neue Lebensqualität durch alternative Heilmethoden

Bei manchen Altersbeschwerden können Hunde unterschiedliche Verfahren aus der Naturheilkunde helfen. So hält die Homöopathie mit Präparaten wie Echinacea zur Stärkung der Abwehrkräfte, Crataegus zur Anregung und Stabilisierung der Herztätigkeit und Vermiculite gegen Zahnstein und Zahnfleischentzündungen bewährte Mittel bereit.

Verwöhnen Sie Ihren Senior doch mal mit einigen Anwendungen aus dem Wellnessbereich. Er hat es sich nach vielen Jahren treuer Freundschaft redlich verdient.

Eine sanfte, sparsam dosierte Aromatherapie kann Hundesenioren zu neuer Energie verhelfen.

Gerade bei einem Seniorhund ist es doppelt wichtig, auf sein Gewicht zu achten.

Bachblüten helfen bei Tieren mit altersbedingten Wesensveränderungen. Um das richtige Präparat für Ihren Hund zu finden, besprechen Sie sich am besten mit einem naturheilkundlich erfahrenen Tierarzt. In der Schmerztherapie erzielt die Akupunktur sehr gute Erfolge. Schmerzmittel lassen sich dadurch meist deutlich reduzieren, manchmal werden sie sogar gänzlich überflüssig. Die Akupressur ist eine Abwandlung der Akupunktur; hier ersetzen die Berührung und der Druck der Finger die Nadeln. Dies wirkt sich nicht nur sehr positiv und entspannend auf den Körper aus, sondern auch auf die Seele des Vierbeiners.

Einfache Hausmittel tun Ihrem Hundesenior ebenfalls gut. Leidet Ihr Chihuahua beispielsweise an Rheuma, legen Sie eine Wärmflasche oder ein erwärmtes Dinkel- oder Kirschkernkissen in den Hundekorb; ein auf diese Weise vorgewärmtes Körbchen wirkt sich auch bei Hunden mit Gelenkproblemen sehr positiv aus.

Bekommt Ihr bellender Senior nach einer längeren Wanderung Muskelkater, schaffen Einreibungen und Umschläge mit Arnikasalbe oder verdünnter -tinktur Erleichterung. In der kalten Jahreszeit bewährt sich diese Behandlung ebenfalls bei älteren Hunden mit rheumatischen Muskel- oder Gelenkbeschwerden. Ein weiteres sehr breites Heilungsspektrum bietet die Physiotherapie, die neben spezieller Krankengymnastik diverse Wasser-, Massa-

ge- und Magnetfeldtherapien beinhaltet. Lassen Sie also Ihren vierbeinigen Senior im Fall der Fälle neben dem eigenen Verwöhnprogramm auch von den therapeutischen Fortschritten der Tiermedizin profitieren. Er hat es sich nach Jahren treuer Freundschaft redlich verdient!

Ernährung

Im Alter ist eine entsprechend den Veränderungen des Stoffwechsels angepasste Ernährung wichtig. Stellen Sie Ihren Chihuahua langsam auf eine leichtere, energieärmere Nahrung um, damit er nicht übergewichtig und dadurch zusätzlich träge wird; immerhin sinkt der Energiebedarf Ihres Hundes im Alter um etwa 20 %. Füttern Sie drei- bis viermal am Tag, denn mehrere kleine Portionen sind leichter zu verdauen als eine Große. Achten Sie unbedingt auf die Linie Ihres Chihuahuas,

Ein mit einem Dinkelkissen vorgewärmtes Körbchen wirkt sich bei Hunden mit Gelenkproblemen und Rheuma sehr positiv aus.

Leckerli-Spaß für Seniorhunde

Möchten Sie Ihren mexikanischen Rentner mal mit selbst gebackenen Leckerlis verwöhnen, dann probieren Sie folgendes Rezept aus.

Sie benötigen folgende Zutaten:
100 g feine Senior-Hundeflocken
2 Eier
4 TL Senior-Dosenfutter

Alle Zutaten werden in einer Schüssel zu einem Teig verarbeitet. Daraus formen Sie nun kleine Bällchen, legen diese auf ein mit Backpapier ausgelegtes Backblech und lassen sie ca. 35 Minuten bei 175 °C im bereits vorgeheizten Backofen fest werden.
Dieses Rezept ist für jeden *Hundetyp geeignet, denn ganz gleich, ob er Diätfutter braucht oder in Bezug auf Leckerli besonders wählerisch ist, Sie können dafür Ihr ganz normales tägliches Hundefutter verwenden. Füttern Sie normalerweise keine feinen Flocken, sondern gröberes Futter, wird dies vorher einfach in einer Küchenmaschine zerkleinert.*

Damit der Spaß komplett wird, kann sich der Vierbeiner seine „Plätzchen" erarbeiten; dazu darf natürlich die richtige Verpackung nicht fehlen. Hier empfiehlt sich beispielsweise eine kleine Papiertüte oder ein ausrangiertes Stofftaschentuch. Aber auch ein alter Socken birgt, mit den Leckerlis gefüllt, einen großen Auspackspaß für den Hund und ist, geleert, anschließend auch noch ein tolles Spielzeug. Eine weitere geeignete Verpackung ist eine kleine Schachtel, beispielsweise von einer Glühbirne, oder einfach nur altes Zeitungspapier.

denn schlanke Hunde sind gesünder und leben länger. Im Fachhandel bekommen Sie spezielles Seniorfutter, das extra auf die Bedürfnisse und den verlangsamten Stoffwechsel alter Hunde abgestimmt ist. Für diverse Erkrankungen gibt es im Zoofachhandel oder bei Ihrem Tierarzt genau abgestimmte Diätfutter. Allgemein sollte Seniorfutter besonders schmackhaft und hochverdaulich sein. Geben Sie keine Nahrungsergänzungsmittel (Vitamine, Mineralstoffe), ohne es vorher mit Ihrem Tierarzt abgesprochen zu haben, denn auch Vitamine oder Mineralien können überdosiert schaden. Täglich frisches Trinkwasser darf natürlich nicht fehlen. Hat Ihr Hund deutlich weniger Durst, stellen Sie ihn auf Nassfutter (Dosenfutter) um oder mischen Sie seinem herkömmlichen Futter zusätzlich Wasser bei, damit er nach wie vor ausreichend mit Flüssigkeit versorgt wird.

Stecken Sie Ihrem Vierbeiner keine Süßigkeiten und Essensreste zu; dies wäre falsch verstandenes Verwöhnen und schadet älteren Hunden besonders. Belohnen Sie nur mit echten Hundeleckerlis; inzwischen gibt es sogar schon Leckereien in Senior- oder Lightqualität.

Extra-Tipp

Füttern Sie im Sommer nicht in der größten Mittagshitze: ein voller Bauch wirkt bei großer Hitze zusätzlich kreislaufbelastend. Lassen Sie Ihren Senior nach dem Fressen mindestens eine Stunde ruhen.

Der endgültige Abschied von dem geliebten vierbeinigen Freund ist für die ganze Familie schwer.

Abschied

Leider währt ein Hundeleben nicht ewig und so ist auch irgendwann nach Jahren des gemeinsamen Zusammenlebens die Zeit des Abschieds gekommen. Manche Senioren schlafen einfach friedlich ein. Oft wird der Hundebesitzer jedoch in die verantwortungsvolle Pflicht genommen, über Leben und Tod des Hundes selbst zu entscheiden. Leidet Ihr Chihuahua und wird ihm das Leben zur Qual, weil selbst die Tiermedizin an ihre Grenzen kommt und ihm seine Schmerzen nicht mehr nehmen kann, ist es an der Zeit, ihn von seinem Leiden zu erlösen. In der Regel kommt ein Tierarzt hierfür auch zu Ihnen nach Hause, damit dem gebrechlichen Vierbeiner weiterer Stress durch einen unnötigen Transport erspart bleibt, und er in seiner gewohnten Umgebung ruhig für immer einschlafen darf.

Natürlich ist der Abschied von Ihrem langjährigen, treuen Begleiter mit großer Trauer verbunden. Haben Sie sich jedoch sein Hundeleben lang auf seine Bedürfnisse eingestellt und waren Sie in guten wie in schlechten Zeiten für ihn dar, ist die Gewissheit eines erfüllten, schönen Hundelebens, das Ihr Chihuahua bei Ihnen hatte, vielleicht ein kleiner Trost. Da die Trauer um einen geliebten Vierbeiner nicht zu unterschätzen ist, gibt es inzwischen in vielen Orten Tierfriedhöfe oder -krematorien, die durch einen ganz bewussten Abschied und einen festen Ort der Trauer, den man jederzeit besuchen kann, die Trauerarbeit und das Loslassen erleichtern.

Ihr verstorbener Chihuahua wird selbstverständlich unersetzlich bleiben; vielleicht stellt sich Ihnen aber trotzdem nach einiger Zeit wieder die Frage nach einem neuen Hund. Stimmen auch dann noch alle Voraussetzungen für eine Anschaffung, ehren Sie das Andenken an Ihren Chihuahua, indem Sie sich einen neuen Chi anschaffen. Machen Sie jedoch nicht den Fehler, ihn mit Ihrem vorigen Hund zu vergleichen. Jeder Vierbeiner ist absolut einmalig und auf seine ganz eigene Weise liebenswert.

Tierbestattungen

Adressen von Tierfriedhöfen und -krematorien in Ihrer Nähe bekommen Sie über den Bundesverband der Tierbestatter e. V.: www.tierbestatter-bundesverband.de Eventuell können Ihnen aber auch Ihr Tierarzt oder der örtliche Tierschutzverein weiterhelfen.

Hilfreiche Adressen und Links

Rassezuchtvereine Deutschland

Chihuahua-Klub Deutschland e. V.
Heidi Gehring
Hinter Lehen 4
D-71120 Grafenau
Tel: 07033-42 125
www.chihuahuaklub.de

Verband Deutscher Kleinhundezüchter e. V.
Herbert Heim
Stettiner Str. 25
D-90522 Oberasbach
Tel: 0911-78 48 645
Fax: 0911-78 48 644
www.kleinhunde.de

Chihuahua-Club e. V.
Johanna Billhardt
Seilandstr. 23
D-59379 Selm
Tel./Fax: 02592-15 34
www.chihuahua-club.de

Chihuahua in Not e. V.
Olmesweg 5
D-34599 Neuental-Neuenhain
Tel: 06693-91 93 12
www.chihuahua-in-not.de

Österreich

Chihuahua Club Austria
Christa Havel (Wien und Niederösterreich)
Hernalser Hauptstr.138/3/43
A-1170 Wien
Tel: 0043-(0)486 29 80

Elisabeth Lazarini (Steiermark und Kärnten)
Kastellfeldgasse 9-11
A-8010 Graz
Tel: 0043-(0)316-82 20 39

Gerda Bolter (Tirol und Voralberg)
Diesenäuele 25
A-6842 Koblach
Tel: 0043-(0)05523-519 63
www.chihuahuas.at

Schweiz

Schweizerischer Zwerghunde Club SZC
Elsbeth Clerc
Im Gätterli 6
CH-4632 Trimbach
Tel: 0041-(0)62-293 07 67
Fax: 0041-(0)62-293 07 68
www.zwerghundeclub.ch

Kynologenverbände

Verband für das Deutsche Hundewesen (VDH)
Westfalendamm 174
(Geschäftsstelle)
D-44141 Dortmund
Tel: 0231-565 00-0
Fax: 0231-59 24 40
www.vdh.de

Österreichischer Kynologenverband (ÖKV)
Siegfried-Marcus-Str. 7
(Geschäftsstelle)
A-2362 Biedermannsdorf
Tel: 0043-(0)2236-71 06 67
Fax: 0043-(0)02236-71 06 67-30
www.oekv.at

Schweizerische Kynologische Gesellschaft (SKG)
Brunnmattstrasse 24
(Geschäftsstelle)
CH-3007 Bern
Tel: 0041-(0)31-306 62 62
Fax: 0041-(0)31-306 62 60
www.hundeweb.org

Haustierregister

Deutscher Tierschutzbund e. V.
Baumschulallee 15
(Geschäftsstelle)
D-53115 Bonn
Tel: 0228-60 49 60
Fax: 0228-60 49 640
www.tierschutzbund.de

TASSO e. V.
Haustierzentralregister
Frankfurter Straße 20
D-65795 Hattersheim
Tel: 06190-93 73 00
Fax: 06190-93 74 00
www.tiernotruf.org

Internationale Zentrale Tierregistrierung (IFTA)
Nördliche Ringstraße 10
D-91126 Schwabach
Tel: 00800-43 82 00 00
Fax: 09122-88 51 989
www.tierregistrierung.de

Interessante Links zu Internetseiten rund um den Hund:
www.partner-hund.de
www.hundefinder.de/hundeschulen
www.ferien-mit-hund.de
www.flughund.de
www.haustierratgeber.de

Der Verlag ist nicht für den Inhalt von Internetseiten und deren Links verantwortlich.

Dank

Mein besonderer Dank gilt Andrea Gerkens-August und ihrem Zwinger „Of Gremlin's Castle" für die fachliche Mitarbeit und Beratung.

Brinkmann Tierfotografie (www.brinkmanntierfoto.de) sowie allen zwei- und vierbeinigen Modells möchte ich für die professionelle Bebilderung danken, die so ein Buch erst lebendig macht.

Des Weiteren danke ich der Firma Trixie für die freundliche Bereitstellung sämtlichen Hundezubehörs und Vroni Reisinger für die fotografische Unterstützung.
Außerdem gilt mein Dank Familie Schmitt und Tobias Volg für ihren steten Rückhalt in allen Fragen und Bereichen sowie meinen

Redaktionshunden „Luzie" und „Peggy" für ihr beruhigendes Schnarchen während meiner Arbeit und unsere gemeinsamen, entspannenden Spaziergänge und Spielrunden zwischendurch.

Bildnachweis
Alle Bilder Bernd Brinkmann
Außer:
Isabelle Francais, Seiten: 6 unten, 17, 32, 33 unten, 67 Mitte, 68, 96
Annette Schmitt, Seiten: 39 oben, 72 oben, 74, 121 unten und oben links, 122 oben
Christine Steimer, Seite: 107 oben
Trixie, Seiten: 34(2), 35(2), 36(5), 37(3), 48(1), 49(1), 54(1), 58(2), 70(1), 91(2), 110(1), 122(1)

Register

Hinweis: Die in diesem Buch enthaltenen Empfehlungen und Angaben sind von den Autoren mit größter Sorgfalt zusammengestellt und geprüft worden. Eine Garantie für die Richtigkeit der Angaben kann aber nicht gegeben werden. Autoren und Verlag übernehmen keinerlei Haftung für Schäden und Unfälle. Der Leser sollte bei der Anwendung der in diesem Buch enthaltenen Empfehlungen sein persönliches Urteilsvermögen einsetzen.

Impressum

Bibliografische Information der Deutschen Nationalbibliothek
Die Deutsche Nationalbibliothek verzeichnet diese Publikation in der Deutschen Nationalbibliografie; detaillierte bibliografische Daten sind im Internet über http://dnb.d-nb.de abrufbar.

© 2010 Eugen Ulmer KG
Wollgrasweg 41, 70599 Stuttgart (Hohenheim)
E-Mail: info@ulmer.de
Internet: www.ulmer.de
Umschlagentwurf: Sojus Design, Kai Twelbeck, Stuttgart
Titelfoto: Juniors Bildarchiv
Satz: r&p digitale medien, Leinfelden-Echterdingen
Repro Timery, Herrenberg
Druck und Bindung: Firmengruppe Appl, aprinta Druck, Wemding, Germany
Printed in Germany

ISBN 978-3-8001-9867-2

Auf den Hund gekommen?

Der Hund gilt zu Recht als der „treue Gefährte" des Menschen. Damit Sie sich mit Ihrem vierbeinigen Freund noch besser verstehen, bietet der Verlag Eugen Ulmer herausragende Fachliteratur von Spezialisten.

Die Welpenschule.
Der sanfte Weg zum Familienhund.

Celina del Amo
3. Aufl. 2010. 112 S., 60 Farbf.,
4 Zeichn., Klappenbroschur.
ISBN 978-3-8001-5956-7.

Apportierspiele.
Dummyarbeit Schritt für Schritt.

Lynn Hesel
2009. 96 S., 77 Farbf., kart.
ISBN 978-3-8001-5796-9.

Spaßschule für Hunde.
100 x spielen, tricksen, clickern.

Celina del Amo
2., überarbeitete Aufl. 2009.
127 S., 53 Farbf., 20 Zeichn., kart.
ISBN 978-3-8001-5662-7.

Das 4-Wochen Erziehungsprogramm für Hunde.
Tag für Tag - Schritt für Schritt.

Ophelia Nick
2010. 96 S., 73 Farbf., Klappenbroschur.
ISBN 978-3-8001-5906-2.

Homöopathie für Hunde.

Vera Misol, Gabi Franz
2003. 96 S., kart.
ISBN 978-3-8001-5481-4.

Tierisch gute Hundebücher.

Wer seine Leidenschaft für Hunde entdeckt hat, schätzt hier die interessanten und anregenden Informationen rund um den treuen Vierbeiner. Der Verlag Eugen Ulmer bietet Ihnen Fakten von A-Z.

Das große Ulmer Hundebuch.

Heike Schmidt-Röger
2008. 272 S., 280 Farbf., geb.
ISBN 978-3-8001-5376-3

Körpersprache des Hundes.

Frauke Ohl
2., erweiterte Aufl. 2006. 104 S.,
65 Farbf., 22 Zeichn., geb.
ISBN 978-3-8001-4926-1.

400 Hunderassen von A-Z.

Gabriele Lehari
2009. 255 S., 400 Farbf., geb.
ISBN 978-3-8001-5661-0.

Hunde pflegen.
Einfach - richtig - schön.

Anna Laukner
2009. 64 S., 70 Farbf., kart.
ISBN 978-3-8001-5795-2.